도심 속 펫티켓

반려동물과 행복하게 살기 위한 방법[30+]

고영두 지음

개의 충성심은 인간과의 우정

그 이상의 어떠한 도덕적 책임감도

필요로 하지 않는 그들의 고귀한 본성이다.

— 콘라드 로렌츠(오스트리아의 생물학자이자 동물학자)

추천사

고영두라는 이름보다 '반려동물 전문 MC 펑키'라는 이름이 더 익숙한 저자 고영두가 집필한 이 책은 반려동물을 키우는 사람들에게 생각해 볼 숙제를 제공하는 책입니다. 처음 고영두 저자를 만났을 때 반려동물에 대한 진심이 무서울 만큼 뜨겁다고 생각했습니다. 그런 그가 집필한 이 책을 읽으면서 강산이 바뀌는 동안 반려동물과 함께하는 시간을 보낸 저자는 '제대로 반려동물을 사랑하고 살아가는 법을 알게 되었구나!'라는 것을 느낄 수 있었습니다. 이 책을 읽는 많은 사람이 저자와 같은 길을 찾아갈 수 있길 바라는 마음으로 이 도서를 추천합니다. **연암대학교 이웅종 교수**

저는 고영두 대표와 함께 이곳저곳에서 반려동물 문화 활동을 하는 KCMC문화원 강민정 국장입니다. 함께하면 긍정적인 에너지를 품어 내는 고영두 대표는 반려동물에게도 역시 긍정적 에너지를 주입하는 그런 사람이었던 것 같습니다. 반려동물과 함께 살아가기 위해 늘 배우고 연구하는 저자의 생각과 경험들이 이 책에 고스란히 들어 있으니 개를 사랑하거나 그렇지 않은 모든 사람이 꼭 한번은 읽어 보길 추천합니다. **KCMC문화원 강민정 국장**

"반려동물을 어떻게 이해할 것이며 함께 살아가는 연결고리를 이어주는 책!" 함께 일한 지 어느덧 10년이다. 술도 잘 못하고 마땅한 취미도 없어 고영두 대표님과 많은 시간을 반려동물 문화와 반려동물에 관한 이야기를 합니다. 반려동물을 이해하고 함께 살아간다는 것은 이해에서부터가 첫 출발이 아닐까 싶네요. 그런 점에서 이 책은 더욱더 쉽게 그들을 이해하고 함께 살아가는데 어떠한 마음가짐으로 살아가야 할지를 정리해 주는 안내자 역할을 합니다. 반려동물과 함께 살아가는 반려인, 지금 현재 반려동물과 함께 살아가고자 준비하는 비(非)반려인 모두에게 의미 있는 책이 될 것입니다.

반려동물 문화기획 위드애니멀 실장 강지원

반려견을 단순히 애완동물로만 보지 않았다. 언제부터인지 그는 반려견을 우리 삶의 소중한 일부로 받아들이고, 단순한 감정의 소통만이 아닌 그들과 함께하는 일상에서 지속 가능한 행복을 찾아내는 방법을 고민했었다. 그는 수년간 반려동물 관련 종사자와의 협업을 통해 다양한 경험을 쌓았고, 그 결과 반려인들이 단순한 애완동물의 주인이 아니라, 반려견을 우리 삶의 일부로 받아들이고, 행복한 동반자로 여기는 방법을 제시할 수 있게 되었다. 그의 철학은 반려견과 삶을 단순한 일상이 아니라, 특별하고 의미 있는 모험으로 만들어 내는 것이다. 이제 반려동물 문화 전문가 고영두의 책을 통해 우리는 반려견과의 일상을 즐기며, 그들과 함께하는 여정에서 무한한 행복을 찾을 수 있을 것이다. 이제부터 MC 펑키의 MC는 master of ceremonies 가 아닌 Mung mung Culture master로 새롭게 태어난다!

21세기 디지털 품바 DJ 벽디

반려견을 사랑하고 함께하는 분들이라면 꼭 읽어 봐야 할 책! 교육에 대한 초점으로 쓰인 책이 아닌, 그 교육을 하기 위해서는 어떠한 마음 상태에서 올바르게 바라보고 다가가야 하는지에 대한 아주 쉽고 친절히 쓰여 있는 책으로 반려동물 문화 전문가로서의 그 어디에서도 듣지 못하는 이야기를 만날 수 있는 책이네요. 아기와 반려견이 함께 살아가고 있는 저에게도 필요한 의미 있는 책입니다. 올바른 펫티켓은 반려인, 비반려인이 함께 꼭 지켜 줘야 합니다!

노래하는 개그우먼 안소미

반려견 유치원 원장이 아닌, 나의 강아지 보호자로서의 삶을 되돌아봅니다. 저는 유치원 원장으로서 8년, 반려견 보호자로서 12년을 살아오며 나의 강아지들과의 시간은 당연하게 흘러가듯 아쉽게 보내온 시간이 많았던 것 같습니다. 이번 고영두 대표님의 책은 반려견 훈련사로서 내가 아닌 한 보호자로서 돌아보게 되었던 뜻깊은 책입니다. 교육의 내용뿐만 아니라 현장 경험과 노하우, 슬픔과 기쁨까지 공유할 수 있습니다. 반려인과 비반려인 모두에게 추천해 드립니다.

위례 반려견 유치원 '멍 클래스' 원장 원솔지

고영두 대표의 목소리가 들리는 반려동물 행사는 즐겁고 행복하다. 반려인들이 맛보는 기쁨과 행복이 무엇인지 명쾌하게 설명하며 행복감을 증폭시켜 주기 때문이다. 고영두 대표의 발길이 닿는 곳에는 미소가 넘친다. 반려 생활의 고충마저 그는 따듯한 마음과 시선으로 공감하며 해결해 나가려 하기 때문이다. 이 모든 것은 '동물과 함께 산다는 것은 무엇인가'에 대한 그의 지속적인 철학적 고민이 있어 가능하다. 그런 그가 어떻게 하면 반려동물을 더 사랑하고 이해하면서 함께 즐겁고 행복한 시간을 보낼 수 있을지에 대한 이야기를 누구나 읽기 쉽게 풀어냈다. 소중한 생명들과 동반하는 삶에 이 책이 모두에게 작은 나침반이 되어주길 기대해 본다.

반려동물 언론사 '뉴스 펫' 대표 김진강

반려동물 문화 행사계의 유재석! 고영두 님! 반려동물을 진심으로 사랑하는 마음이 느껴지는 분입니다. 현장 경험에서 우러나오는 다양한 조언들과 정보들이 가득한 책이네요. 반려동물을 가족처럼 생각하시는 분들이라면 함께하는 소중한 시간 더 행복하기 위해 반드시 읽어보세요!

반려동물 동반 전문 여행사 '펫츠고트래블' 대표 이태규

어린 시절부터 동물들을 사랑하신 부모님의 영향으로 꾸준히 반려동물들과 함께 생활해 왔으며 자연스러운 저의 일상이 되었어요. 현재는 고양이 포함 총 9마리의 유기 동물들과 함께 행복한 삶을 보내고 있답니다.

사랑했던 저만의 첫 번째 반려견인 '띵동이'를 조금은 갑작스럽게 떠나보냈고 저는 많은 후회와 자책의 눈물을 흘렸어요. 그 이유는 아마도 '미안함' 때문이었던 것 같아요. '내가 조금만 더 동이에 대해 잘 알았더라면⋯. 조금 더 반려견에 대한 전문적인 지식이 있었다면 아마도 조금 더 동이와 함께할 수 있지 않았을까⋯?' 바로 그 때 작가님의 책을 접할 수 있게 되었고, 항상 저의 기준으로 판단하고 해왔던 아이들과의 생활이 이제는 조금 더 아이들의 기준에서 바라볼 수 있게 되었고 다양한 지식을 얻을 수 있게 되었답니다. 아이들과 더욱 후회 없이 잘 지낼 수 있게 될 것 같아요. 이 책이 모든 반려동물과 함께하는 보호자들, 특히 처음 반려견과 함께하는 보호자들에게 따뜻한 지침서가 되길 기원합니다. 반려동물과 함께 살아가는 모든 보호자들께 강력 추천!

퓨전 플룻 연주자 서가비

머리말

___

"책임, 관찰, 끈기"

G마켓 판매 데이터 분석에 따르면 2023년 1~3분기 반려동물용 유모차 판매량이 사상 처음으로 유아용 유모차를 넘어섰으며, 농림축산식품부 통계는 국민 네 명 중 한 명(25.4%)이 반려동물[1]과 함께 살아가고 있다고 한다.

최근에는 백화점, 카페 등 반려동물을 허용하는 다양한 매장들이 많아지고 있다.

우리가 흔히 아는 스타벅스에서도 반려동물을 허용하는 매장이 생겨 화제다.

___

[1] '애완동물'이 동물을 키우는 데서 인간이 느끼는 즐거움을 강조하는 말이라면 '반려동물'은 동물이 단지 장난감이 아니라 더불어 사는 친구(반려)임을 강조한 말이다. 1983년 10월 오스트리아 빈에서 열린 인간과 애완동물의 관계를 주제로 하는 국제 심포지엄에서 동물학자 콘라트 로렌츠에 의해 처음으로 제안된 개념이다. 국내에서는 2007년 동물보호법 개정 이후 공식적으로 사용되었다.

저자가 반려동물 유치원을 운영하는 경기도 위례만 하더라도 한 지역 상권 모두가 반려동물 동반을 허용하고 있다. 이는 보호자들이 펫티켓을 잘 지키는 것은 물론, 매장 홍보에도 긍정적인 측면이 있어 가능한 일이라고 본다.

이제 반려동물 관련 사업의 기대 효과는 사회 전반적인 측면에서 꽤 의미 있고 중요하다.

반려 동반 여행이 주목을 받으며 많은 호응이 일어나자 반려동물 친화 관광 도시를 만들기 위해 많은 지자체가 집중도를 올리고 있으며, 동물 복지, 문화 산업 또한 점차 확대되는 추세다. 더불어 식용을 목적으로 개를 사육, 증식하거나 도살하는 행위, 개나 개를 원료로 조리 가공한 식품을 유통 판매하는 행위를 골자로 하는 개의 식용 목적의 사육, 도살 및 유통 등 종식에 관한 특별법이 제정 통과되었다.

그렇다면 반려동물과 함께 살아가는 시대에 맞춰 우리는 반려인, 즉 보호자로서 우리 아이에 대해 얼마나 잘 알고 있으며, 반려인과 비반려인이 공존하는 도심 속 삶의 동반자로서 건강한 관계를 맺고 있는지 되짚어 볼 필요가 있다.

필자는 3마리의 집사, 그리고 5마리의 강아지 보호자 이며, 반려동물 문화 전문가로 활동한다. 반려견 유치원을 운영하고 보호자들과 많은 상담을 통한 소통형 교육으로 지자체 등 다양한 곳에서 반려동물 문화 특강을 진행하고 있다.

어떤 특강 또는 반려인들과 소통하는 자리에서 가장 먼저 고민해 보길 바라는 마음으로 서두에 항상 이야기하는 부분이 있다. 올바른 교육을 진행하기 위해서는 '책임, 관찰, 끈기' 이 세 가지를 먼저 생각해야 한다고 강조한다.

첫 번째 '책임'을 고민해 보자.

우리가 반려동물과 함께 살아가며 '책임'이라는 것은 자신의 반려견을 어떠한 상황이라 할지라도 올바르게 통제하는 것을 의미한다.

필자의 유치원에 오시는 보호자 중 처음에는 하네스

또는 가슴줄을 사용하더라도 대화를 나누고, 교육의 방향성을 잡아가다 보면 열 명이면 열 명 모두 목줄을 사용한다.

이 글을 읽고 계신 반려인 중 높은 확률로 이 중 하나라도 해당이 되는 반려견은 대부분 가슴줄을 사용하고 있을 것이다.

- 산책 시 통제가 잘되지 않는다.
- 나보다 앞서 있다.
- 사람, 강아지, 오토바이 등 사물을 보고 짖는다.
- 반려견 스스로 길을 개척해 나가고 보호자는 끌려다닌다.
- 줄 당김이 심하다.

가슴줄을 사용하시는 보호자들에게 여쭤본다.

"왜 가슴줄을 사용하시나요?"

"아이가 캑캑거리는 게 마음 아파서요."

병원 또는 전문인에게 기관지 협착증을 앓고 있다고 하는 아이를 제외하고는 목줄 사용 시 캑캑거림은 일시적인 현상이며, 보통 2~3일 이내에 캑캑거림을 하지 않을 확률이 높다. 만약 반려견의 캑캑거림이 마음 아파 통제를 하지 못한다면 자신의 반려견 못지않게 다른 누군가의 반려견도 소중하다는 사실을 인정하자. 나의 반려견이 소중한 누군가의 반려견을 문다고 가정해 보자. 이런 경우 끔찍한 비극으로 이어지기도 하는데, 이 얼마나 가슴 아픈 일인가?

물론 무조건 목줄만을 사용하라는 것은 아니다. 목줄을 통한 올바른 교육이 잘 이루어졌다면 어떠한 도구를 사용해도 좋다.

그러나 처음 산책 교육을 진행할 시에는 목줄 사용을 추천하는데, 이는 일반 보호자들이 조금의 규칙과 통제를 이해한다면 훨씬 수월하고 안전하게 아이와 소통을 이어나갈 수 있기 때문이다.

반려견으로 인한 모든 사건과 사고는 반려인의 책임이다. 내 반려견을 아끼면서 발생하는 사소한 부주의, 판단 착오가 자칫 남에게 피해를 줄 수 있다. 이는 동물 혐오자나 비반려인에게 반려견의 이미지를 부정적으로

심어줄 수도 있다. 책임감은 반려견과 반려인이 공존하
는 세상에서 가장 중요한 필수 덕목이다. 반드시 진지
하게 고민해 봐야 한다.

　두 번째로 생각할 부분은 '끈기'이다.
　반려견과 살아가며 우리는 교육을 한다.
　그 행동을 이끄는 것은 여러 가지의 요소들이 있겠지
만 가장 중요한 것은 끈기다. 얼마나 지치지 않고 원하
는 행동이 나올 때까지 끈기를 갖고 아이와 소통하는지
가 관건이다.
　무슨 일이든 결과물을 도출하기 위해서는 포기하지
않고 끝까지 이어나가야 원하는 것을 이룰 수 있다. 반
려견 교육도 마찬가지다. 얼마나 끈기를 갖고 아이와
소통하는지에 따라 반려견은 보호자를 믿고 따라온다.
필자의 유치원 입구에는 이런 글이 있다.
　**"달라지지 않는 보호자는 있어도, 달라지지 않는 반
려견은 없다."**

세 번째로 생각할 부분은 바로 '관찰'이다.

우리는 과연 반려견에 대해 얼마나 잘 알고 있을까?

생각보다 많은 보호자들에게 이 부분을 여쭤보면 다양한 대답이 나오지 못한다.

자신의 반려견을 얼마나 유심히 관찰하고 인지하고 있냐에 따라 더 적합한 올바른 교육이 이루어지며, 개 물림 사고 또한 많이 줄어들 것이다. 늘 자신의 반려견을 인지하고 누군가가 우리 반려견에게 다가왔을 시 조심해야 하는 부분은 미리 알려 주고 예방할 수 있어야 한다.

이 세 가지를 먼저 고민해 본다면 우리는 더 빠르게 반려견을 이해하고 다시금 생각할 수 있을 것이다.

이 책은 훈련에 대한 자세한 지침보다도, 훈련을 위해 어떠한 마음가짐으로 다가가야 하는지를 다루었다. 이와 더불어 다양한 반려동물 문화를 올바르게 이해하고 즐기는 방법 등을 전한다.

어쩌면 우리는 훈련에 관한 기술적인 부분만을 원하며 강아지라는 존재를 있는 그대로 받아들이지 않는지도 모른다.

필자가 수많은 반려견 관련 프로젝트 또는 현장을 다니며 보고 듣고 느낀 내용 중 반려인이라면 필수적으로 인지하고 있다면 좋을 법한 내용을 담았다.

조금은 직설적일 수도 있고, 솔직할 수 있으며, 냉정해 보일 수도 있다.

무엇보다도 반려동물을 진심으로 사랑하며 살아가면서 반려인과 반려견 모두가 행복하길 바라는 마음으로 이 책을 썼다. 종과 종이 만나 하나로 연결이 되는 그 신비로움과 감동적인 짜릿함을 모두가 느끼길 희망한다.

지금 이 순간 나의 반려견을 더 잘 알기 위해 이 책을 펼친 당신은 과연 어떤 분일까?

어떤 곳에서 얼마나 사랑스러운 반려견과 함께하고 있을까?

벌써 궁금해진다. 한 자 한 자 어디에선가 무수한 경험과 고민을 곱씹어 가며 적어 내려간 이 글을 통해 반려견과의 삶이 더 행복해지길 기원해 본다.

목차

II. 반려견과 함께 살아가기

III. 펫로스

부록³⁰⁺

가족으로 만나기 전
고려 사항

도심 속 반려동물 예절[30+]

아파트나 오피스텔과 같은 공동 주거 공간에서 반려동물의 행위로 인해 발생할 수 있는 상황을 예방하기 위해 반려인이 지켜야 할 반려동물 예절(펫티켓) 지침을 제시한다. 이러한 지침들은 주변 이웃들과 좋은 관계를 유지하고, 반려동물이 건강하고 행복한 생활을 할 수 있도록 돕는다.

1. 공용 출입구 이용 시 주의: 공용 출입구를 이용할 때는 반려동물이 타인에게 뛰어가지 않도록 주의한다.

2. 엘리베이터 이용 규칙 준수: 엘리베이터에서는 반려동물을 품에 안거나 캐리어에 넣어 이용한다.

3. 소음 관리: 아파트 내에서는 반려동물이 지나치게 짖거나 소음을 내지 않도록 교육한다.

4. 배변 관리: 공용 공간이나 타인의 문 앞에서의 배변을 방지하고, 만약의 경우 즉시 청소한다.

5. 공용 공간에서의 목줄 착용: 반려동물은 공용 공간에서 항상 목줄을 착용하게 한다.

6. 공용 공간에서 뛰어다니지 않도록 주의: 복도나 계단에서 반려동물이 뛰어다니지 않도록 관리한다.

7. 이웃에 대한 배려: 반려동물로 인해 이웃에게 불편을 줄 수 있는 행위는 자제한다.

8. 주차장 이용 시 주의: 주차장에서는 반려동물이 차량에 접근하지 않도록 주의한다.

9. 공용 정원 이용 시 주의: 공용 정원이나 놀이터에

I. 가족으로 만나기 전 고려 사항 | 23

서는 반려동물을 자유롭게 뛰어다니게 하지 않으며, 타인과의 안전거리를 유지한다.

10. 놀이터 및 어린이 구역에서의 배려: 어린이 놀이터 근처에서는 반려동물을 멀리하고, 어린이들에게 무서울 수 있는 행동을 하지 않도록 주의한다.

11. 반려동물 알러지가 있는 이웃 배려: 반려동물 알러지가 있는 이웃이 있다면, 그들과의 충분한 거리를 유지한다.

12. 정기적인 건강 검진: 반려동물이 질병을 퍼뜨리지 않도록 정기적인 건강 검진과 예방 접종을 받는다.

13. 야간 소음 최소화: 야간에는 반려동물이 소음을 내지 않도록 특별히 주의한다.

14. 방문객에 대한 주의: 방문객이 있을 때는 반려동물이 공격적으로 행동하지 않도록 주의한다.

15. 적절한 훈련: 반려동물이 공동 주거 공간 내에서 적절하게 행동할 수 있도록 기본적인 훈련을 한다.

16. 공포감 주의: 엘리베이터나 복도 등 공공장소에서 반려동물로 인해 타인이 공포감을 느끼지 않도록 주의한다.

17. 털 빠짐 관리: 공공장소에서 반려동물의 털이 빠지지 않도록 정기적인 그루밍을 한다.

18. 출입 관리: 반려동물이 혼자서 공동 주거 공간 내를 돌아다니지 않도록 관리한다.

19. 애견 동반 및 까페 이용 시 주의 : 일반매장이지만 애견 동반이 가능한 공간으로써, 이용객에게 피해가 가지 않도록 매장의 유의 사항을 준수하여 이용한다.

20. 비상 계단 이용 시 주의: 비상 계단을 이용할 때는 반려동물이 타인을 방해하지 않도록 주의한다.

21. 애견 까페 및 놀이터 이용 시 주의 : 많은 반려견이 이용하는 곳으로 접종이 안 되면 입장이 불가할 수 있어, 접종 후 이용한다. 목줄 없이 뛰어노는

공간인 만큼 보호자의 각별한 주의가 필요하다

22. 이웃과의 소통: 이웃과 좋은 관계를 유지하기 위해 반려동물에 관한 사항을 사전에 소통한다.

23. 안전한 놀이터 이용: 아이들이 이용하는 놀이터에서는 반려동물을 데려가지 않도록 한다.

24. 주거 단지 내 반려동물 규정 준수: 주거 단지 내의 반려동물에 관한 규정과 지침을 준수한다.

25. 타인의 동의 얻기: 공용 공간에서 반려동물을 놀게 하기 전에 주변 사람들의 동의를 얻는다.

26. 청결 유지: 반려동물이 사용하는 용품을 깨끗하게 유지하고, 주거 공간 내에서 청결을 유지한다.

27. 야외 활동 시 주의: 주거 단지 내 야외 활동 시 반려동물의 안전을 위해 주의 깊게 관리한나.

28. 반려동물 등록: 관련 법규에 따라 반려동물을 정식으로 등록하고, 식별 태그를 단다.

29. 분리 불안 대처: 반려동물이 홀로 있을 때 분리

불안을 겪지 않도록 적절한 교육과 공부를 한다.

30. 반려동물 교육: 반려동물이 공동 주거 공간에서
　　의 기본적인 규칙을 이해하고 준수할 수 있도록
　　교육한다.

　이러한 펫티켓을 지키며 살아간다면, 공동 주거 공
간에서도 반려동물과 함께 행복하고 조화로운 생활
을 할 수 있을 것이다.

■ 알아 두면 좋은 용어

보호자	보호할 책임을 가지고 있는 사람
도그 스포츠	반려견과 반려인이 함께 참여하는 스포츠로, 미국과 유럽에서는 대중적인 대회로 자리 잡은 큰 축제이며 스포츠다. 장애물 코스를 완주하는 어질리티, 릴레이 경주의 일종인 플라이 볼, 원반을 이용한 프리스비 등 다양한 종목이 있다.
어질리티	반려견과 반려인이 한 팀을 이루어 정해진 장애물 코스를 완주하는 경기. 민첩함이라는 말의 뜻대로 강아지의 민첩성과 핸들러의 훈련 능력을 동시에 만나볼 수 있는 도그 스포츠. 국가마다 규칙은 조금씩 다르지만, 완주를 빨리했더라도 거부나 실패가 발생하면 감점되거나 순위에서 밀리며 반복되면 실격된다.

하네스	반려동물의 어깨와 가슴에 착용하는 줄을 의미한다.
하울링	강아지과 동물들이 길게 뽑아내는 울음소리. 습관적으로 따라 하거나 위협을 알리는 신호, 분리 불안, 고통 등을 나타낼 때 표현한다.
클리커	클릭 소리를 내는 장치로 물속에서 돌고래들을 훈련하거나 강아지를 훈련하는 등 동물과의 소통을 수단으로 사용되고 있다. 버튼을 누르면 클릭 소리가 난다.
터그놀이	'잡아당긴다'라는 의미처럼 강아지가 물고 있는 장난감을 좌우로 당기며 놀아 주는 놀이. 스트레스를 풀어 주고 넘치는 에너지를 해소하는 장점이 있다.
노즈워크	코를 사용해서 하는 강아지의 후각 활동을 말하며, 강아지가 좋아하는 간식이나 장난감을 숨긴 후 찾게 하는 훈련 또는 놀이이다.
마킹	강아지들이 산책할 때 다양한 장소에 소변을 누는 행위를 의미한다.
사역견	힘센 견종들이 속한 유형으로 복서, 아키타, 로트와일러 등 이 종들은 경비를 서거나 경찰이나 군인과 함께 다니며 다양한 임무를 수행한다.
그루밍	미용과 건강, 위생 등을 위해 강아지 털을 손질하는 것
항문낭	항문 양옆에 있는 항문샘으로 장운동을 하는 동안 항문 액을 분비한다. 항문낭을 짜 주지 않으면 강아지에게 냄새가 날 수 있다.
펜스	실내, 실외에서 사용하는 울타리

머즐	강아지 입
배냇털	강아지가 태어나자마자 가지고 있는 털
며느리 발톱	강아지 다리 뒤쪽에 있는 퇴화한 발톱
마운팅	다른 강아지나 사물에 올라타 엉덩이를 흔드는 행동으로 우위를 과시하기 위한 행동으로도 표현하며, 다양한 이유가 있다.
맹도견	시각장애인을 돕는 강아지로 래브라도 리트리버가 대표 종이다.
분리 불안	강아지가 보호자에게 애착이 심하거나 의존도가 높을 때 등 나오는 심리적 변화
긍정적 강화	원하는 행동을 한 강아지에게 보상을 주어 해당 행동이 더 자주 일어나도록 유도하는 훈련 방식
클리커 트레이닝	클리커 소리를 통해 강아지에게 바람직한 행동을 배우도록 유도하는 훈련 방식
오프리쉬	반려견이 목줄을 착용하지 않은 것을 뜻한다.
오. 산. 완	오늘 산책 완료

갇혀 있던
100마리의 아이들

수십 미터 전부터 악취는 들끓었고 도저히 셀 수도 없을 만큼의 강아지 짖음 소리는 울부짖음을 떠나 사람에 대한 악밖에 남지 않은 듯 들리기 시작했다. 그런데도 사람을 보고 반갑다고 꼬리를 흔드는 아이들을 보며 나도 모르게 눈물을 흘렸다.

강아지에 대한 첫 관심은 가족들의 영향이 컸다. 아주 어렸을 적 빛바랜 사진을 들여다보면 내 주변에는 강아지가 없던 적이 없었던 것 같다. 온 가족은 물론 친척들조차 강아지를 좋아했고 지금도 모이면 늘 가장 먼저 반려견 자랑이 떠나질 않는다. 그러나 어렸을 때를 생각해 보면 내 호기심은 강아지에게만 주기에는 무궁무진했다. 다양한 호기심들이 날 자극했고, 강아지에게 관심을 두기보다는 그 당시는 그냥 그렇게 자연스럽게 내 옆에서 같이 살아가는 존재의 느낌이 컸다.

무의식적으로 느낀 한 가지는 작은 생명에 대해 지켜줘야 한다는 것이다. 초등학교 때도 강아지를 굉장히 조심스럽게 다루었고, 맛있는 게 있다면 강아지와 같이 먹어야 했다. 그렇게 자연스럽게 동물이 내 인생에 스며들어오기 시작한 것이다.

군대를 다녀온 후 다양한 경험을 하며 처음으로 '동물권'이라는 곳에 관심이 생겼다. 당시만 하더라도 '동물권'이라는 단어는 통용되지 않았고, '동물 보호 활동가' 또는 '활동가'라는 단어가 많이 쓰였다. 동물의 가장 참담한 현실을 마주하며 동물 학대 현장을 가장 먼저 찾아가 동물을 구조하기도 했다. 그뿐만 아니라 번식장, 투견장, 개 농장 등에서 불법적인 부분을 찾아내는 일을 하며 손길이 필요한 곳에 찾아가 봉사를 하기도 했다.

이들은 자신의 인생을 걸기도 하며, 인생의 모든 부분을 동물을 위해 애쓰는 분들이기도 하다. 그때도 대단하다는 생각이 많이 들었고, 지금도 그 생각은 변함이 없다.

아직도 머릿속을 떠나지 않는 잊지 못할 그날의 기억이 있다. 가장 처음으로 개 농장에 대한 현실을 눈으로 마주했을 때다. 그 전만 하더라도 동물권에 대한 이해와 공부를 조금씩 하며 영상으로만 바라보곤 했다. 어쩌면 그 끔찍한 현실을 눈으로 본다는 것이 겁이 나기도 했고 무섭기도 했던 것 같다. 내가 이 현실을 더욱더 많은 사람에게 알리고 그들에게 조금이

뜬장

나마 도움이 될 수 있는 걸 찾기 시작하며 현실을 마주해 보기로 했다.

마음을 먹은 후 눈으로 이곳을 확인하기까지는 얼마 걸리지 않았다. 가장 처음 마주했던 곳은 약 100두의 강아지가 있는 개 농장이었다. 악취와 오물들이 뒤엉켜 있었고, 활동가들이 보이자 아이들이 짖기 시작했다. 자신들을 돕기 위해 온 것을 아는지 모르는지 아이들은 계속해서 짖기 시작했다.

개 농장을 직접 눈으로 마주한다면 이성을 잡고 있기가 쉽지 않다. 나 역시 그랬다. 현장은 고성이 오가며 몸싸움이 자주 일어난다. 아이들을 지키려는 농장주와 농장을 폐쇄하기 위한 활동가들의 이견은 쉽게 좁혀지지 않기 때문이다. 단 몇 분도 서 있기 어려울 만큼 이 공간은 마치 지옥과도 같은 공간이다.

아이들은 '뜬 장'이라는 곳에서 지낸다. 대소변을 치우기 편하다 하여 이것을 사용한다는데, 과연 정말 치울까? 적어도 내가 본 그 어떤 곳도 제대로 관리가 되지 않았고 대소변이 산 모양으로 쌓여 있는 곳이 대부분이었다.

뜬 장 안에 오래 지낸 아이들은 발의 기형이 발생하는 모습을 볼 수 있다. 이는 편평한 지면이 아니라 창살을 디디는 상태로 자라기 때문이다. 또한, 음식과 물을 충분히 먹지 못하며 같은 장소에서 동족이 죽는 모습을 보고 듣고 느껴야 하는 아이들은 육체적으로

나 정신적으로나 절대 정상적일 수가 없다.

정상적인 행동을 수행할 수 없을 때 그것을 해소하기 위한 행동으로 반복적이고 목적이 없는 행동을 한다. 가만히 있지를 못하며 계속해서 뱅글뱅글 도는데, 이 행동은 정형행동이라는 정신병의 증상이기도 하다.

현장을 다니며 종종 누군가의 반려견이었거나 버려진 아이들을 마주할 때가 있다. 도대체 왜 이 아이는 지옥까지 와야만 했을까? 무엇보다도 강아지와 살다 키우기가 어려워지면 이런 곳에 버리고 간다는 사실이 충격적이었다. 도무지 이해하기 어려웠다. 이곳은 분명 어떤 곳인지 굳이 설명하지 않아도 알만한 장소일 텐데…. 반려견이 생명으로서 지녀야 하는 권리를 박탈하는 야만적 행위로 볼 수밖에 없다.[1]

---

1) 뜬 장: 사육하는 개, 닭 등의 배설물을 쉽게 처리하기 위해 밑면에 구멍이 뚫려 있으며, 지면에서 떨어져 있는 철창을 일컫는 말이다.

　동물의 처참한 현실에 모든 반려인이 조금이라도 관심이 있다면 이 고리는 하루라도 빠르게 끊을 수 있지 않을까 싶다.

제 가족을
소개합니다

자연스럽게 이러한 환경을 눈으로 보며 아이들이 처한 현실을 더 많은 사람에게 알리기 위한 노력과 유기견 인식 개선 캠페인을 위한 다양한 프로젝트를 진행하기 시작했다.

그리고 지금의 단짝을 만나 우리 집은 대가족이 되었다. 단짝은 나보다 더 동물을 사랑하는 사람이다. 유아교육과를 전공해 미용, 훈련에 대한 이해와 전문적인 지식을 갖고 있다 보니 돌봄은 물론 아이들을 더 잘 관리한다. 그 어떤 아이라도 약을 한 번에 척척 먹이는 모습, 물리는 것을 무서워하지 않으며 교육하는 것을 해내는 것이 대단하기도 하다.

강아지 5마리와 고양이 3마리의 집사로 살아가는 환경은 쉽지 않다. 다행히 우리 집은 강아지파와 고양이파로 서로에게 관심이 없다. 그냥 자기들끼리만 어울리며 살아간다. 그중 막내인 고양이 밤이는 모두에게 관심이 많아 이쪽저쪽 신경을 쓰긴 한다. 누구하나 성격이 같은 친구가 없다. 특히 대가족은 규칙과 규율이 정말 중요하다. 성격이 다른 만큼 자칫하면 대형 사고로 이어지고, 집에 있는 아이들 모두가 중형견이다 보니 잠깐 스치기만 해도 치명상으로 이어질 수가 있다.

　왼쪽에 보이는 친구부터 쭈쭈, 흰둥이, 토실이, 두기 그리고 뒤에 있는 친구는 재둥이라는 녀석이다. 제각각 스토리가 있지만, 두기라는 친구는 최근에 파양이 되어 우리 집에 오게 된 녀석이다. 우리 가족이 되기 전 저 친구가 사람을 3번이나 물었다고 한다. 입질이 너무 심하고 관리가 어려워 보호자가 함께 살아가기 어렵다고 하였는데, 아이를 직접 만나 보니 그런 모습이 보이지 않았다. 다양한 자극 테스트와 보호자가 이야기했던 상황 등을 노출시켜 보니 약간의

불편함을 보이기는 했으나 통제를 하니 잘 따라오는 친구였다.

보호자는 두기에게 크게 관심이 없었고, 그냥저냥 살아가며 이해하려 하지 않았던 것으로 보인다. 보호자라고는 하지만 실질적으로 두기는 보호자가 없던 것과 마찬가지였다.

참으로 우리나라는 동물을 키우기 쉬운 구조다. 누구라도 그냥 내가 지금 당장 돈만 있으면 어떠한 규제 없이 강아지를 데리고 올 수 있다. 유치원, 호텔을 운영하다 보면 1년에 몇 번씩 겪는 일이기도 하다. 심지어 술을 먹고 지나다가 강아지가 귀여워 바로 샀다가, 술이 깨고 나니 책임지기 어려워 호텔에 맡겨 버리는 경우도 있다. 호텔 링은 기본 인적 사항을 적기는 한다지만, 마음먹고 속이려면 당할 수밖에 없다.

주변 관련 업계 이야기를 들어보면 왕왕 있는 일이라곤 한다. 그러나 이제는 동물보호법이 개정되어

300만 원 이하의 벌금이 부과되며, 벌금형이 되면 전
과 기록까지 남게 된다.

　아마 이 순간에도 이런저런 이유로 파양을 쉽게 생
각하는 사람이 많을 것이다. 어서 대한민국도 필수적
인 반려동물에 대한 입양자 교육, 특정 교육을 이수
해야만 반려동물과 살아갈 수 있는 시스템이 도입되
어 이러한 무분별한 파양이 없어져야 할 것이다.

　우리 집에서 가장 실세들이다. 최근 2층 침대를 들여놓았는데, 고양이들의 아지트가 된 것 같아 아무도 못 올라가고 있다. 마치 그 누구라도 올라오면 큰일 난다는 태도로 지키고 있는 느낌이다.

　왼쪽부터 또롱이, 나부, 밤이다. 나부는 몸무게가 8킬로그램이 넘는다. 정말 가끔 보면 호랑이 같다. 웬만한 강아지보다 더 덩치가 크다. '뚱냥이'라고 부르는데 먹는 건 사료밖에 없다.

밤이는 흔히 말하는 '개냥이'이다. 앉아, 손, 하우스까지 기본 훈련이 되었고 목욕을 할 때도 얌전히 가만히 있으며, 안겨 있는 걸 좋아한다. 자기 이름을 부르면 어디에 있든 달려오는 모습이 너무 사랑스럽다. 이러니 알레르기가 있어도 안 미칠 수가 있나!

밤이 등에는 하트도 있다. 밤이는 밤에 간택이 되어 밤이라고 지었다. 약 4~5개월령에 만나게 되었는데 나부를 스승으로 생각한다. 나부가 데리고 다니며 모든 것을 가르쳐 주었고, 나부가 하는 행동을 똑같이 하는 걸 보며 어찌나 귀여웠는지 모른다. 지금도 항상 잘 때도 둘이 꼭 붙어 안고 자거나 집에서 안 보이면 둘이 사고를 치고 있다.

유기견, 유기묘라는 단

어를 개인적으로 잘 사용하지 않으려고 한다. 평생 함께할 가족을 만나는 순간부터는 아이들은 유기견, 유기묘가 아니다.

예전보다 더 행복하고 잘 살면 된다. 강아지 5마리와 고양이 3마리의 집사로 살아가다 보니 물론 힘들고 불편하고 어려운 점도 많다. 많은 것을 포기해야 하고, 아이들을 중심으로 살아가는 인생이 될 수밖에 없다. 그럼에도 밖에 나오게 되면 아이들이 생각나고 출장으로 인해 집에 들어가지 못하는 날이라면 함께 잠드는 시간이 그립고 기다려진다.

▶ 다견(多犬) 가정의 안성맞춤 간식 추천: "나도주개"
강원도 인제 용대리에서 10년째 직접 황태로 간식을 만들고 있다. 황태 간식은 강아지와 고양이 모두에게 기호성이 좋으며, 무엇보다 보호자와 반려견이 함께 먹을 수 있는 영양 간식이다.
instagram.com/nadojugae

관심에서
가족으로

반려견의 평균 수명은 견종, 건강 관리, 크기 등에 따라 모두 달라지지만, 평균 10~20년 정도로 알려져 있다. 최근 재밌었던 일화는 지인이 전화를 해서 이웃집 강아지 생일을 맞이해 선물을 주고 싶은데 어떤 걸 줘야 하냐고 묻는 것이다. 이웃집 반려견이 몇 살이냐 물어보니 스물한 살이라고 하는 것이다. 내가 잘못 들었는지 알고 재차 물어본 기억이 있다.

관련 기대 수명으로 진행된 연구 결과도 주목해 볼

필요가 있다. 매일경제신문 헬스 기사에 따르면, 펫 푸드 브랜드 로얄캐닌과 미국 밴필드(Ban field) 동물병원은 역대 최대 규모의 데이터인 2013년부터 2019년까지 반려견 1,329만여 마리와 반려묘 239만여 마리를 대상으로 미국 최초로 반려동물 기대 수명을 연구했다고 한다.

기대 수명 계산은 설리번 방법(Sullivan's Method)을 적용하여 조사 연도, 크기 및 품종, 성별, BCS(Body Condition Score, 신체충실지수)에 따른 기대수명을 조사했다. 설리번 방법은 평균 수명 산출시 가장 널리 이용되는 방법론으로 세계보건기구(WHO)에서도 사용한다. 연구 결과 반려견의 평균 기대 수명은 12.69세, 반려묘는 11.18세로 나타났다. 반려견과 반려묘 모두 2013년부터 2018년까지 기대 수명은 꾸준히 증가했다고 한다.

여기서 우리가 인지해야 하는 것은 사람은 나이가

점차 들어감에 따라 부모님이 관리하는 것이 비교적 적어지지만 반려동물은 그러지 않는다. 오히려 시간이 지날수록 더 많이 손이 가기도 하고 신경 써야 하는 것도 더 많아질 수도 있다. 10~20년 동안 내가 직접 관리를 해 주고 보살펴 줘야 한다.

주변에서 강아지를 가족으로 맞이하고 싶다는 분들 중에는 정말 신중하게 고민하는 분들이 있는가 하면, 말이 끝나기 무섭게 덜컥 강아지를 데리고 오는 경우들이 왕왕 있다. 후자의 경우 높은 확률로 파양을 하는 사례가 많이 생기는 것을 본다.

반려동물을 가족으로 맞이하기 전, 어쩌면 이때가 가장 중요한 순간이고 신중한 선택이 필요한 순간이다. 한번 결정하게 되면 뒤로는 물릴 수 없다. 파양은 곧 상처를 만드는 일이기 때문이다.

예를 들어, 우리가 어떠한 고가의 물건을 산다고 했을 때를 생각해 보자. 유튜브나 인터넷 검색을 통해 그 제품에 대해 더 자세히 알아볼 것이다. 실물도 찾아보고 충분한 고민과 시간을 두고 제품을 구매한다. 하물며 생명을 데려온다는 마음을 먹은 상태에서 깊은 고민 없이 덜컥 데려온다는 것은 믿기도 이해하기도 어렵다.

강아지는 견종, 기질, 성향, 모견, 부견, 환경 등에 따라 성격이 많이 달라지므로, 반려견을 키우려면 반려인의 패턴과 생활 방식에 따라 고민해 볼 필요가 있다. 개인적으로 추천하는 바는 최소 3개월은 고민하고 결정하는 것이 바람직하다고 생각한다. 그전까지 강아지에 관해 관심만 있었다고 한다면 이제부터는 본격적인 가족을 맞이할 준비가 되어야 한다.

"관심에서 가족으로"

그중 첫 번째로, 내가 현재 강아지와 함께 살아갈 환경이 맞는지에 대해 진지하게 고민해 볼 필요가 있다. 불과 몇 년 전만 해도 필자는 강아지랑 함께 살아가는 것이 너무 행복해서 무턱대고 주변에 가족으로 맞이해 보라는 이야기를 쉽게 하곤 했다.

하지만 반려견이 무지개다리를 건너는 것을 지켜보며 가슴 아팠던 일, 병원비로 몇천만 원을 쓰고서 한 생명을 책임지고 함께 살아간다는 것이 그리 쉽지 않다는 것을 느낀 순간부터는 반려견을 맞이하는 것에 대해 누구보다 진지하고 무겁게 이야기한다.

SNS 속 환상처럼 반려견과 함께 살아간다는 것은 그리 행복한 일만 있는 것은 아니다. 물론 반려견이 주는 기쁨이 크긴 하지만, 반대로 감내해야 하는 것도 많다. 내가 가장 아끼는 물건을 물어뜯기도 할 것이며, 종일 녹초가 되어 집에 돌아왔을 때 온 집 안을 자신의 파티장으로 만들기도 한다. 대소변 실수를 하며 온 방을 화장실로 만들기도 하고, 이렇게 내 손으로 치우면 되는 행위만 했다면 그나마 감사할 수도 있다. 혹여라도 내 반려견이 다른 누군가의 소중한 강아지 또는 사람을 물기라도 한다면….

　정말이지 상상도 하기 싫다. 또한, 생각보다 반려견과 살아가며 드는 비용도 만만치 않다. 사료, 간식, 병원, 미용, 여기에 만약 내가 반려견 유치원을 보내고 싶다고 한다면 그에 따른 비용 등을 생각해 봐야 한다.

　필자는 반려견을 치료하기 위해 거액의 병원 비용을 쓰면서 정말이지 많은 고민을 했던 경험이 있다. 지금은 무지개다리를 건넌 짬뽕이라는 반려견이 있었다. 태어나면서부터 희소병을 앓고 태어나 동네 병원에서는 치료가 어려워 2차 병원에 다녔다. 사람으로 치면 대학병원 격이다. 당시에는 나에게 온 강아지이기에 내가 끝까지 책임을 져야 한다는 책임감으로 할 수 있는 모든 치료와 관리를 하다 보니 몇천만 원을 쓰게 되었다.

　내가 현재 살아가는 환경이 강아지를 힘들게 하는

환경은 아닌지, 들어가는 비용에 관해 부담 없이 책
임을 지고 함께할 수 있을지 진지하게 고민해 보자.
유명 기업인 김승호 회장님의 강연 중 많은 공감을
일으킨 말이 있다.

"20~30대 자립이 완성되지 않은 사람들은 강아지
나 고양이를 키우는 것을 반대한다. 현대 사회에서 반
려동물은 가족이다. 자립이 되어 있지 않은 상태에서
함부로 키우게 되면 삶의 방식이 달라질 수도 있다."

매우 공감된다. 보호자들과 이야기를 나누고 반려
견 특강을 하는 자리에서 늘 하는 이야기가 있다.

"보호자가 지치면 반려견이 파양될 확률이 높아진다."

두 번째로는 최대한 많은 강아지를 만나볼 것을 추
천한다.

주변을 보면 강아지를 만날 수 있는 곳은 다양하게
존재한다. 반려견 동반 카페, 문화 축제 현장, 지인의 강아지 등이 있을 수 있다. 관심에서 가족으로 만나기 전 나와 잘 맞는 강아지를 우선시 아는 것은 굉장히 중요하다. 반려, 인생의 동반자라는 사전적 의미가 있다.

직접 만나보고 느껴보며 '나와 잘 맞는 강아지는 어떤 성향의 강아지일까?' 하며 고민해 보는 시간은 중요하다. 또한, 반려견과 살아가는 반려인들의 생생한 이야기를 들어보는 것도 도움이 된다. 절대 눈에 보이는 것이 다가 아님을 명심해야 한다.

세 번째, 반려견에 관한 기본 공부를 하자.

많은 보호자와 소통을 하고 이야기를 나누다 보면 생각보다 자신의 반려견에 대해 알지 못한 채 살아가거나 관심도 없는 경우가 있다.

우리가 타인과 마주하지 않고 그냥 혼자 살아가는 환경에서 살아간다면 내가 강아지를 어떻게 돌보며 살아가는지 상관이 없다. 어떤 문제가 있더라도 온전히 내가 감수한 채 살아가면 되지만, 우리는 현재 도심 속에서 살아가고 있다.

비반려인과 반려인이 함께 공존하며 더 나아가 우리가 마주하기 싫은 동물 혐오자들이 함께 살아간다. 나에게는 너무 예쁜 강아지이지만 타인의 시선에서는 강아지가 싫을 수도 있다. 이 이야기를 하는 것은 단순하다. 자신의 반려견을 이해하고 기본 공부만 하더라도 반려견은 충분히 예의가 있고, 수정해야 하는 행동이 적어질 수가 있다.

여기서 말하는 기본 공부는 "앉아, 엎드려, 이리와 기다려, 하우스, 옆에" 이 6가지다. 이웅종 교수님께서 늘 이야기하시며 강조하시는 부분이기도 하다. 그리고 실제로 필자가 교육을 진행해 보더라도 위 6가지만 반려견이 완벽히 이해만 한다면 반려견과 살아가는 삶의 질이 크게 차이 난다. 절대적으로 필요한 교육이라 할 수 있다.

"앉아, 엎드려, 이리와 기다려, 하우스, 옆에"

보호자라는 단어의 무게를 우리는 진지하게 고민해 볼 필요가 있다. 나의 반려견이 예의 없게 행동을 할 때 그것을 내버려 두지는 않는지, 나의 반려견에 대해 얼마나 많은 것들을 인지하고 있는지, 현재 올바르게 통제하고 있는지, 반려견 교육은 예방하기 위함으로 꼭 공부하고 인지해야 한다.

이 책을 통틀어 가장 중요한 주제일 수도 있다. 모든 것은 반려동물을 데리고 온 뒤부터 살아가는 일상 환경 속에서 생기는 일이기 때문에 신중하게 고민하고 또 고민해야 한다.

계속해서 너무 무겁고 딱딱하게 이야기하는 것 같은 기분이 들어 뒤를 돌아보니 밤이가 지켜보고 있다. "적당히 해!"라고 하는 것 같다. 이 눈빛을 무시하고 싶진 않지만 어쩔 수 없다. 한 생명을 온전히 책임지고 살아간다는 것은 절대 쉽지 않은 일이다.

정리해 보면,

첫째, 내가 살아가는 환경이 반려견과 살아가기에 적합한지 체크해 보자.

둘째, 최대한 많은 강아지를 만나 보자!

셋째, 강아지 공부를 하자!

사지 말고
입양하세요

한 해 평균 유기되거나 버려지는 아이들의 수는 농림축산식품부에 의하면 2022년 기준 11만 3,000여 마리라고 하며, 비공식적인 숫자까지 합하면 그 수는 더 많을 것으로 예상한다.

버려지는 이유는 단순하다. 물건을 훼손하거나, 짖거나 문제 행동이 나타났을 때, 이사를 하거나, 집에 새로운 가족이 생겼다는 연유에서다. 과연 파양하는 이유가 맞나 싶을 정도로 사소한 것도 허다하다. '얼마나 동물을 가볍게 다루고 생명에 대한 존중이 없다면 이럴 수 있을까' 하는 생각이 저절로 든다.

버려졌다는 이유 하나만으로 만연하게 유기견에 대한 잘못된 인식이 퍼져 있다. 유기견이라고 하면, 문제가 많거나 병이 있거나 무엇인가 사랑받지 못할 이유가 있다고만 생각을 한다. 적어도 내가 만난 유기견 친구들의 사연을 들어보면 단순 변심이 가장 많았다. 이는 반려견을 아끼는 마음보다는 물건처럼 다루고 버리면 그만이라는 잘못된 태도에서 비롯된 것이다. 결국은 사람의 잘못이라 생각한다.

지인 중 파양을 논의하기 위해 내게 연락하는 분들이 종종 있다. 잠깐 이야기를 나누다 보면 내가 다시 설득할 수 없을 만큼 이미 굳건한 마음을 갖고 있어 더는 긴 대화가 필요 없었다. 이 순간부터는 나도 자연스레 지인과 멀어지는 것도 사실이다.

다양한 언론과 매체에서 "사지 말고 입양하세요."

라며 적극적으로 입양을 권장하기도 한다. 물론 분양에 대해서도 무조건 부정적인 시각으로만 보지 않는다. 이는 선택의 문제이며, 가장 귀엽고 퍼피일 때부터 가족으로 만나 평생의 한 번뿐인 많은 추억을 함께하고 싶은 마음도 이해가 간다. 나 역시 유치원에 퍼피 아이들이 올 때면 너무 사랑스럽다.

유기견을 데리고 온다는 것은 아이가 가진 모든 스토리를 갖고 오는 것과 같다. 버림받거나, 학대를 받은 상처, 어딘가에 갇혀서 갖고 있었던 스트레스 등 모든 것들을 말이다. 분명 쉽지 않은 결정이고 선택인 것도 너무 잘 안다. 그런데도 입양을 적극적으로 권장하는 이유는 단 하나다.

"유기견 한 마리를 입양한다고 해서 세상이 바뀌지는 않지만, 적어도 그 아이에게는 세상이 변하는 일이기 때문이다."

최근에는 많은 관련 전문가가 돕고 있으며, 서울,

경기도, 대전, 창원시 등 다양한 지자체에서 유기견 입양 시 많은 지원 혜택 등을 지원하고 있다. 보호소들도 많은 변화가 일어나고 있다. 재 파양률을 줄이기 위해 전문가를 초청하여 기본 교육을 진행하거나, 전문 훈련사가 상주하여 입양자 교육 등을 통해 더욱더 아이가 잘 살아갈 수 있도록 돕고 있다.

만약 반려견을 가족으로 맞이하기 위해 고민하고 있다면 단 한 번만이라도 주변 보호소에 관심을 가져 본다면 좋겠다. 당신의 결정을 돕기 위해, 새로운 가족을 맞이할 아이를 위해 많은 사람의 도움과 축복의 손길이 함께할 것이다.

▶ 충남 서산에 위치한 "우당탕 유기견" 사설 보호소
애니멀 호더로부터 아이들을 모두 구조해 함께 지내는 우당탕 보호소는 아이들을 돌보고 재활 교육을 진행하며 기본 교육을 진행하고 있다. 아이들이 가진 상처를 보듬어 소중한 가족이라는 울타리를 만들어 주기 위해 애쓰고 있는 곳 중 한 곳이다. 특히 매달 특별한 입양과 관련된 프로젝트 등을 진행하며 많은 보호자의 관심을 받는 곳이다.

www.instagram.com/woo.dang.tang_

woo.dang.tang_   팔로잉 ∨   메시지 보내기   ⁑   ···

게시물 614   팔로워 2469   팔로우 2518

여기선 우리가 주인공

태안 두여리 애니멀호더로부터 구조된 아이들과
함께하고 있는 서산 우당탕 쉼터입니다. ೭‧̀֊‧̀꙳

우당탕 유기견재활교육 계정
@woo.dang.tang.school

<♥우·당·탕 쉼터 후원 계좌♥>
국민은행 466801-04-388635
🔗 cafe.naver.com/woodangtangs

WOO DANG TANG
우당탕유기동물쉼터

■ 유기 동물 입양 시 반려동물 예절[30+]

　유기 동물을 입양하여 반려동물로 맞이했을 때 발생
할 수 있는 상황들과 이를 예방하기 위해 지켜야 할 펫
티켓을 구체적으로 제시한다. 이러한 지침은 반려동물
이 새로운 환경에 안정적으로 적응하고, 건강하고 행복
한 생활을 할 수 있도록 돕는다.

1. 안전한 환경 조성: 집 안을 안전하게 만들어 반려동물이 다치지 않도록
   한다. 예를 들어, 위험한 물건을 치우고, 전선을 보호한다.
2. 초기 건강 검진: 입양 직후 반려동물을 수의사에게 데려가 건강 검진을
   받는다. 필요한 예방 접종을 확인하고, 건강 상태를 점검한다.
3. 천천히 적응시키기: 새로운 환경에 반려동물이 천천히 적응할 수 있도록
   도와준다. 갑자기 많은 자극을 주지 말고, 점진적으로 새로운 환경과
   사람을 소개한다.

4. 규칙적인 생활 패턴: 일정한 시간에 식사와 산책을 하는 등 규칙적인 생활 패턴을 만든다.

5. 사회화 훈련: 다른 사람이나 동물과의 긍정적인 상호작용을 위해 사회화 훈련에 투자한다.

6. 행동 문제에 대한 인내: 유기되었던 동물은 행동 문제를 보일 수 있다. 인내심을 가지고, 필요한 경우 전문가의 도움을 받는다.

7. 신뢰 구축: 반려동물과의 신뢰를 구축하기 위해 시간을 할애한다. 많은 관심과 애정을 보여 준다.

8. 충분한 운동: 반려동물이 충분한 운동을 할 수 있도록 한다. 특히 에너지가 많은 동물의 경우 더욱 중요하다.

9. 올바른 훈련 방법: 긍정적 강화를 사용한 훈련 방법을 채택한다. 체벌은 피하고, 보상을 통해 원하는 행동을 강화한다.

10. 적절한 영양 섭취: 수의사와 상담하여 반려동물의 연령, 크기, 건강 상태에 맞는 영양식을 제공한다.

11. 소음 관리: 큰 소리나 갑작스러운 소음이 반려동물을 놀라게 하지 않도록 주의한다.

12. 분리 불안 대비: 집을 비울 때 반려동물의 분리 불안을 최소화하기 위한 방법을 모색한다.

13. 적절한 소변 및 배변 훈련: 깨끗한 배변 습관을 갖도록 체계적인 훈련을 시행한다.

14. 식별 정보 업데이트: 반려동물의 목걸이나 마이크로칩에 최신 연락처 정보를 업데이트한다.

15. 장난감과 놀이 시간: 적절한 장난감을 제공하고, 매일 놀이 시간을 가진다.

16. 정기적인 그루밍: 반려동물의 피부와 털을 건강하게 유지하기 위해 정기적인 그루밍을 실시한다.

17. 가정 내 다른 동물과의 조화: 가정 내 다른 반려동물과의 조화로운 공존을 위해 점진적으로 소개하고 감시한다.

18. 정서적 지원: 반려동물이 정서적 안정을 느낄 수 있도록 지원한다.

19. 휴식 공간 제공: 반려동물만의 안전하고 편안한 휴식 공간을 제공한다.

20. 야외 활동 시 안전: 야외 활동 시 반려동물의 안전을 우선시하고, 항상 감독한다.

21. 새로운 환경 소개: 새로운 환경에 점차적으로 노출시켜 반려동물이 적응할 수 있도록 도와준다.

22. 긍정적인 경험 증진: 반려동물이 긍정적인 경험을 많이 할 수 있도록 환경을 조성한다.

23. 반려동물과의 소통: 반려동물의 신호와 행동을 이해하고 적절히 반응한다.

24. 응급 상황 대비: 반려동물을 위한 응급처치 방법을 숙지하고, 가까운 동물병원의 정보를 알아 둔다.

25. 방문객 주의: 집을 방문하는 손님들에게 반려동물의 존재를 알리고, 필요한 주의 사항을 공유한다.

26. 물건 파손 방지: 가정 내에서 반려동물이 물건을 파손하지 않도록 주의 깊게 관리한다.

27. 반려동물의 노화 대비: 반려동물의 나이가 들면서 변할 수 있는 필요와 건강 상태를 이해하고 대비한다.

28. 여행 및 이동 계획: 반려동물과 함께 여행을 계획할 때는 안전과 편안함을 우선으로 고려한다.

29. 사랑과 관심 지속: 반려동물에게 지속적인 사랑과 관심을 보여 주세요. 이는 반려동물의 정서적 안정에 큰 도움이 된다.

30. 반려동물 동반 가능 장소 이용: 반려동물 동반 가능한 장소를 이용할 때는 해당 장소의 규칙을 준수하고, 반려동물을 적절히 관리한다.

유기 동물을 입양하는 것은 큰 책임감을 요구한다. 위의 펫티켓을 따르면서 반려동물이 새로운 가정에서 건강하고 행복하게 지낼 수 있도록 도와준다.

가족으로 만나기 전
필요한 5가지

집에 아기가 생기면 가족들은 분주해진다. 필요한 용품을 구매하고 방을 꾸미기도 한다.

반려동물도 마찬가지다. 반려동물을 가족으로 맞이하기 전 미리 준비하여 필요한 상황에 즉각적으로 대처할 수 있다.

처음 반려견이 온다면 먼저 해야 하는 것은 반려동물 등록이다. 등록하는 의미는 유실, 유기 방지 등을 위함이기도 하며, 추후 지자체에서 다양한 행사 또는 유용한 정보 등을 받을 수도 있다. 반려동물 등록을 하지 않은 소유자는 100만 원 이하의 과태료를 부과받는다. 등록 방법으로는 시장, 군수, 구청장, 특별자치 시장이 대행 업체로 지정한 동물병원을 방문해 신청서 작성 후 수수료를 내고 동물 등록 방법 중 하나를 선택해 등록하면 된다.

두 번째로는 반려견의 하우스다. 하우스를 여러 형태로 구매하시는 분들도 있지만, 개인적으로는 집과 이동 시 모두 다 활용할 수 있는 플라스틱으로 되어 있는 켄넬을 추천한다. 위아래가 조립 형태로 되어 있어 하우스 교육에도 유용하며, 차로 장거리 이동을 할 때도 유용하게 사용을 할 수 있어 보호자들께 많이 추천한다. 켄넬 안에는 부드러운 담요를 깔아 주기도 하며 처음에는 보호자의 냄새가 배어 있는 옷 등을 깔아 주어 강아지를 안정시켜 주는 것도 좋다.

세 번째로 사료, 간식, 밥그릇과 물그릇을 준비해

준다. 적정 연령에 먹을 수 있는 사료를 준비하며, 퍼피의 경우는 물에 불려서 줘야 할 수도 있기 때문에 시중에 판매되는 것을 잘 체크하여 준비하도록 하자.

처음 강아지를 만났을 때 아이가 어떠한 알레르기 반응을 일으킬지를 모르기 때문에 간식 성분을 잘 파악하여 조금씩 나누어 주면서 아이의 반응을 살펴보는 것을 추천한다. 아이의 알레르기에 대한 부분을 조금 더 자세히 알고 싶다면, 병원에서 검사가 가능한 알레르기 검사를 추천하기도 한다.

밥그릇의 형태는 스테인리스, 플라스틱, 유리, 도자기 등 다양한 형태의 밥그릇들이 있으나, 외출을 자주 하거나 캠핑 등 강아지와 함께 활동을 많이 한다면 스테인리스로 되어 있는 밥그릇을 추천한다. 휴대도 편리하고 파손에 대한 부담도 적다. 물그릇은 밥그릇보다는 1.5배 정도 큰 그릇을 추천한다. 자주 갈아 주고 수시로 물그릇이 비어 있지는 않은지를 체크하고 관리해 주면 좋다.

네 번째로는 리드 줄과 목줄이다. 참고로 리드 줄을 헷갈리시는 분들이 왕왕 있다. 저자도 처음에 '리드 줄은 새로운 형태의 줄인가?' 하고 헷갈렸던 적이 있다. 리드 줄은 목줄이나 가슴줄에 연결하는 줄이라고 생각하면 된다. 리드 줄의 길이 제한은 2m로 제한하는 법이 시행되었다.

만약 단속된다면 누적 횟수에 따라 과태료가 부과되는데, 1회 적발 시 20만 원, 2회 적발 시 30만 원, 3회 적발 시 50만 원이라고 하니 꼭 맞는 줄을 사용하며 올바른 펫티켓 문화에 동참하자.

많은 보호자가 아이들이 불편할 것 같다, 불쌍하다, 캑캑거림이 심하다는 이유로 처음부터 가슴줄을 사용하는 경우가 대단히 많다. 아이의 컨디션과 상황에 따라 어쩔 수 없이 가슴줄을 사용해야 한다면 사용해야겠지만, 될 수 있으면 목줄을 추천한다. 목줄을 착용하여 산책 교육이 어느 정도 완성되면 가슴줄을 사용해도 좋다. 그래도 개인적으로 목줄을 추천한다.

추가로 맹견은 반드시 입마개를 해야 한다. 대한민국에서 대형견에 대한 인식을 좋지 않게 바라보는 경우가 많다. 덩치가 크다고 모두 사납고 사람에게 공격적이라는 인식을 가져서는 안 되지만, 뉴스에 보도되는 일부 안타까운 사례들이 대형견에 대한 부정적 인식을 하게 했다.

실제로 많은 대형견 보호자가 산책하며 불미스러운 일을 경험하며, 사람들이 없는 시간에 산책하고 있다. 비반려인 중 대형견은 무조건 입마개를 해야 한다고 생각하는 사람들이 시비를 걸어 좋지 않은 경험을 한다는 것이다.

맹견 5종에 해당하는 도사견과 그 잡종의 개, 아메리칸 핏불테리어와 그 잡종의 개, 아메리칸 스태퍼드셔 테리어와 그 잡종의 개, 스태퍼드셔 불테리어와 그 잡종의 개, 로트와일러와 그 잡종의 개는 의무 착용해야 하며, 이 종을 제외한 나머지는 보호자의 판단에 따라 입마개를 착용하면 된다. 그 누구도 물려서는 안 된다는 것을 명심하자.

다섯 번째 위생적으로 필요한 일체가 될 수 있겠다. 여기에는 샴푸, 치약, 칫솔, 귀 세정제, 발톱 깎기, 배변 패드, 배변판, 대·소변 실수 시 닦을 수 있는 탈취제 등을 뽑을 수 있으며, 산책 시 필요한 배변 봉투, 훈련용 트릿으로 사용할 간식도 미리 준비해 둔다면 좋다. 훈련 시 필요한 간식은 말랑말랑하거나 부드러운 것으로 한입에 먹을 수 있는 작은 치수를 추천한다. 시중에 훈련용 트릿도 다양하게 나와 있으니 기호에 맞는 제품을 고르면 될 것이다.

추가로 발톱을 관리할 때는 발톱을 깎는 가위와 깎은 발톱을 갈고 다듬을 수 있는 '그라인더'라고 하는 기계를 같이 보유하고 있는 것이 좋다. 가위만으로 깎았을 때 전문가가 아닌 이상 발톱이 날카롭게 잘릴 수도 있기에 다치거나 긁힐 수가 있다. 사용 방법도 전혀 어렵지 않고 위험하지 않으며 간편하게 누구나 사용할 수 있다. 보통 3만 원에서 5만 원 정도로 구매를 할 수 있으니 함께 사용하는 도구라 생각하면 관리를 하는데 훨씬 수월할 것이다.

보통 청결 미용이라 해서 강아지 미용실에 가게 되면 항문, 발톱, 귀 등을 관리하는데, 처음부터 미용실에 맡기기보다는 내가 어느 정도는 할 수 있도록 미리 공부하는 것을 추천한다. 요즘은 유튜브 또는 인터넷을 통해 다양한 정보를 먼저 접한 후 반려견과 함께 놀이하듯 하나씩 관리하는 보호자도 많이 늘어나고 있다.

그 외 견종에 맞는 다양한 용품들을 체크하고 준비하면 좋다. 견종의 특성상 필요한 물품들은 내가 관심이 있는 견종에 대한 공부를 통해 미리 사전에 체크할 수 있다.

* 강아지 나이 표

강아지 무게	~ 9kg	~ 22kg	~ 45kg	~ 45kg 이상
강아지 나이	사람 나이			
1	15	15	15	15
2	24	24	24	22
3	28	28	28	31
4	32	32	32	38
5	36	36	36	45
6	40	42	45	49
7	44	47	50	56
8	48	51	55	64
9	52	56	61	71
10	56	60	66	79
11	60	65	72	86
12	64	69	77	93
13	68	74	82	100
14	72	78	88	107
15	76	83	93	114

(출처: 미국켄넬협회 AKC)

모두가 동물을 좋아하지는 않는다

모두가 동물을 좋아하지 않는다는 인식을 하는 것은 우리가 살아가는 도심 속에서 아주 중요한 문제다. 반려인의 행동은 곧 비반려인과 동물 혐오자들이 동물을 판단하는 기준이 된다.

나와 함께 다양한 현장을 다니고 있는 흰둥이로 예를 들어 보자. 흰둥이는 성향과 기질이 사람을 좋아한다. 기본 교육을 통해 실내에서는 대소변 실수를 하지 않으며, 자극에 대한 반응도 많지 않은 편이다.

그렇기에 청소년이 있는 학교는 물론 다양한 공간을 다니며 지금까지 단 한 건의 안전사고도 없었다.

반대로 흰둥이를 데리고 다니는데 흰둥이가 사람을 보고 짖고 달려 나가려고 하며 통제가 되지 않는다면 어땠을까? "어휴, 왜 저렇게 동물을 제멋대로 굴게 두어서, 주변 사람을 힘들게 하나?"라는 푸념이 주변에서 쏟아지기 마련이다. 비반려인과 동물 혐오자들에게는 동물에 대한 이미지가 더욱 좋아지지 않을 것이 불 보듯 뻔하다.

내가 동물을 좋아하고 사랑한다 할지라도 절대 모든 이에게 강요할 수 없다. 동물에 대한 트라우마가 있을 수도 있으며, 알레르기가 심해 동물 곁에만 지나도 눈물이 나고 콧물이 나며 심하면 목까지 부어 숨쉬기조차 어려운 사람들도 있다. 실제로 동물에 대한 트라우마가 너무 강해 동물을 보기만 해도 움직이지 못하고 몸이 굳어 버리는 분들도 있다.

이러한 부분을 개인적으로 99% 공감된다. 나 역시 고양이 알레르기가 매우 심하다. 한 번씩 미칠 듯한 재채기와 눈물, 콧물이 나서 알레르기 검사를 해 보니 고양이 알레르기가 있다고 한다. 트라우마에 대한 부분은 심하지는 않지만, 개인적으로 물리는 것이 두려워지게 된 것이 얼마 되지 않았다. 유치원에서 상담하거나 반려동물 문화 특강을 다니다 보면 보호자가 입질이 있는 것을 이야기하지 않는 분들이 더러 계신다. 물론 깜빡할 수 있지만 놓치지 않도록 유의해야 한다.

기본적으로 이 전제를 먼저 두고 내가 반려견을 바라본다면, 어떠한 행동이 도심 속에서 어우러져 살아가는 환경 속 모두에게 사랑을 받을 행동인지 그렇지 못한 행동인지를 인지할 수 있다.

▶ 구토 색깔로 알 수 있는 강아지의 건강 상태

투명하며 흰색: 급하게 물을 마셨거나, 아무것도 먹지 못했을 때

보통 공복 토라고 이야기하기도 한다. 그 외 스트레스를 받았을 때

노란색: 배가 너무 고프거나 무엇인가를 잘못 먹었을 때 등

짙은 갈색: 위출혈 후 시간이 오래된 경우, 종양이 있을 때 등

빨간색: 위나 장에서 피가 나올 경우 종양이 있을 때 등

* 반려견이 토를 하게 되어 병원에 가야 한다면 반드시 카메라

로 찍어 가자.

* 진찰에 큰 도움이 될 것이다.

반려동물과 함께 살아간다는 것

함께 발을 맞추어 산책하는 기분

- 내가 슬플 때, 기쁠 때, 즐거울 때 나를 바라보고 있는 존재

- 자고 있을 때 내 옆을 지키며 스르르 철퍼덕 엎드려 내 호흡에 맞춰 함께 잠드는 존재

- 곤히 자고 있으면 혹여나 깰까 봐 나를 세상 조심스럽게 만드는 존재

- 외출하고 돌아오면 나를 가장 먼저 반기는 존재

- 집을 아무리 어질러 놓더라도 나를 지그시 바라
  보는 눈빛만으로 모든 화를 풀게 만드는 존재
- 나가면 보고 싶고, 함께 있으면 미치도록 깨물어
  주고 안고 싶은 존재
- 서로 바라보는 눈빛만으로도 서로의 원함을 고
  민하게 해 주는 존재
- 대소변만 잘 싸도 박수를 받는 존재

이건 부럽다.

반려견을 생각하면 가장 먼저 머릿속을 떠오르는
것을 나열해 보았다. 이 역시 모든 반려인이라면 공
감을 하지 않을까 싶다. 단 한 번이라도 반려동물과
함께 살았던 경험과 추억이 있다면, 그 이전의 삶이
무료하게만 느껴질 수도 있다. 동물과 교감을 하며
나의 모든 시간을 공유할 수 있다는 것은 참으로 신
비롭다.

필자의 직업은, 계속해서 사람과 부딪히고 사람이 가장 붐비는 현장에서 일하며, 사람들의 분위기를 높이면서 현장의 분위기 전환을 매끄럽게 해야 하는 전문 진행자다.

한편으로는 주변 모두가 인정하는 집돌이다. 밖을 꼭 나가야 하는 이유가 없다면 며칠이고 집에만 있을 수 있다. 이토록 집에 오래 머무르고 집에만 있어도 무료하지 않은 이유는 반려동물과 함께 살아가기 때문이다. 반려견은 내 생각과 분위기, 감정을 가장 잘 이해해 주고 어루만져 주는 존재다.

내가 조금 무료하다 싶으면 나와 놀아 주려고 장난감을 가져오기도 하고, 움직일 수 있도록 대소변을 아무 곳이나 누기도 하고, 간식을 달라고 칭얼거린다. 그렇게 이 녀석과 잠시 시간을 보내면 언제 그랬냐는 듯 무료함은 사라진다.

낮잠이라도 자려고 하면 세상 이보다 더 큰 심신의

안정을 편안하게 해 주는 존재는 없다.

가만히 옆에 엎드려 있는 녀석의 털을 만지고 있는 자체만으로도 마음은 편안해지고 달콤한 꿀잠에 빠질 수 있다. 그뿐인가. 한 번씩 코를 고는 녀석과 함께 호흡하다 보면 나도 모르게 곤히 잠든다.

늘 감사하다. 이러한 존재를 알게 해 줘서 그리고 사랑할 수 있게 해 줘서.

■ 일상생활 속 대형 반려동물 예절[30+]

대형 반려동물과 함께 생활할 때 발생할 수 있는 상황을 예방하고, 모두가 행복한 공존을 위해 지켜야 할 펫티켓을 구체적으로 제시한다.

1. 적절한 사회화 훈련: 다른 사람과 동물에게 친절하게 행동하도록 대형 반려동물에게 사회화 훈련을 시킨다.

2. 규칙적인 운동 제공: 대형 반려동물의 에너지를 적절히 소모시킬 수 있도록 매일 규칙적인 운동을 제공한다.

3. 튼튼한 목줄 사용: 반려동물의 크기와 힘에 맞는 튼튼한 목줄과 하네스를 사용하여 제어할 수 있도록 한다.

4. 배변 훈련: 반려동물이 집 안이나 공공장소에서 적절한 장소에 배변할 수 있도록 배변 훈련을 시킨다.

5. 명확한 지시어 사용: 기본적인 명령어(앉아, 기다려, 가자 등)를 통해 반려동물의 행동을 효과적으로 제어할 수 있도록 한다.

6. 적절한 사이즈의 생활 공간: 대형 반려동물이 편안하게 생활할 수 있는 충분한 크기의 생활 공간을 제공한다.

7. 이동 시 안전 조치: 차량 이동 시 대형 반려동물을 위한 안전벨트나 적절한 크기의 이동장을 사용한다.

8. 식사 관리: 대형 반려동물의 건강을 위해 균형 잡힌 식단을 제공하고, 과식을 방지한다.

9. 정기적인 건강 검진: 대형 반려동물의 건강을 유지하기 위해 정기적으로 수의사에게 건강 검진을 받는다.

10. 짖음 통제: 과도한 짖음을 방지하기 위해 짖음 통제 훈련을 시키고, 필요 시 전문가의 도움을 받는다.

11. 공격성 관리: 공격적인 경향이 있다면 전문가와 상담하여 적절한 행동 교정 훈련을 받는다.

12. 다른 동물과의 상호작용 감시: 다른 반려동물이나 야생 동물과의 상호작용을 주의 깊게 감시한다.

13. 타인과의 상호작용 주의: 대형 반려동물이 타인, 특히 어린이나 노약자에게 다가갈 때 주의를 기울인다.

14. 털 관리: 털이 많은 대형 반려동물의 경우, 정기적인 그루밍으로 집 안과 개인 위생을 관리한다.

15. 놀이 시간 관리: 충분한 놀이와 활동을 통해 반려동물이 지루함을 느끼지 않도록 한다.

16. 소음 최소화: 주거 지역 내에서 반려동물로 인한 소음이 이웃에게 피해를 주지 않도록 관리한다.

17. 이웃과의 소통: 이웃에게 반려동물에 대해 소개하고, 필요한 경우 이웃의 의견을 경청한다.

18. 휴식 시간 존중: 대형 반려동물도 충분한 휴식이 필요하므로 적절한 휴식을 보장한다.

19. 긴급 상황 대비: 대형 반려동물을 위한 긴급 연락처와 대피 계획을 준비한다.

20. 장난감 및 놀이 용품 관리: 대형 반려동물의 크기와 힘에 적합한 장난감과 놀이 용품을 제공한다.

21. 올바른 훈련 방법 선택: 대형 반려동물에게 부정적인 훈련 방법을 사용하지 않고, 긍정적인 강화 방법을 선택한다.

22. 산책 시 안전 유지: 산책 시 대형 반려동물이 도망가거나, 다른 사람이나 동물을 해치지 않도록 주의 깊게 관리한다.

23. 적절한 양육 환경: 대형 반려동물이 생활할 수 있는 충분한 공간을 확보한다.

24. 교통수단 이용 시 주의: 대중 교통수단 이용 시나 차량 내에서 대형 반려동물의 안전을 확보한다.

25. 잃어버렸을 때 대비: 반려동물이 잃어버렸을 때를 대비하여 현재의 사진과 식별 정보를 항상 갱신한다.

26. 반려동물의 스트레스 감소: 대형 반려동물이 스트레스를 받지 않도록 주변 환경을 안정적으로 유지한다.

27. 물리적 충돌 예방: 대형 반려동물이 사람이나 다른 반려동물과 물리적으로 충돌하지 않도록 주의한다.

28. 영역 표시 관리: 반려동물이 집 안이나 공공장소에서 영역 표시를 하는 행위를 관리한다.

29. 알러지 및 건강 관리: 반려동물의 알러지나 건강 문제에 주의를 기울이고 적절히 관리한다.

30. 책임감 있는 양육: 대형 반려동물을 양육하는 데 필요한 시간, 노력, 비용을 고려하여 책임감 있게 양육한다.

위의 펫티켓을 지키며, 반려동물과의 생활을 더욱 풍요롭고 즐겁게 만들 수 있다.

반려동물을 대하는 마음

반려동물을 과연 어떠한 마음으로 마주해야 하는지 한 번씩 고민해 본 경험들이 있을 것이다. TV 속 강아지 관련 솔루션 프로그램 또는 반려견 행동 전문가들과 이야기를 나누다 보면 이러한 표현을 들어본 적이 있을 것이다.

"지금 감정은 단호한 감정이어야 합니다."
"칭찬을 주실 때 느낌은 정말 기쁜 마음으로 주셔야 해요"

"반려견이 원하는 행동에 모든 것을 들어준다면
수정해야 하는 행동들이 많아질 확률이 높습니다."

반려견 행동에 관련한 공부를 하기 전에는 '이러한 감정을 전달해야 하는 이유와 그 마음을 과연 강아지가 알 수 있을까?' 하는 의문이 들었다. 놀랍게도 공부하며 나온 결론은 감정을 읽는다는 것이었다.

나의 감정이 어떠하냐에 따라 훈련과 교육을 진행하는 데 있어 더 빠르게 교육이 진행된다.

실제로 난도 있는 훈련을 진행하기 전 핸들러는 미세한 차이만으로도 훈련의 방향성이 완전히 틀어지기 때문이다. 다음 동작을 미리미리 머릿속에 정리하며 진도를 나가야 교육 효과가 더 높다는 이야기도 들었다.

반려동물 관련 특강이나 문화 축제 현장에서 수많은 반려인과 이야기를 나누기도 하고, 때론 상담해 드리기도 한다. 당연히 수많은 고민을 안고 있다. '우리 반려견은 밥을 잘 먹지 않아요, 산책이 어려워요, 막내아들한테만 공격성을 보여요, 통제가 잘되지 않아요, 사람만 보면 공격성을 보여요' 등등 반려동물과 함께 살아가다 보면 내가 상상하지 못했던 수정해야 하는 행동들을 마주할 때가 있다.

그리고 여러 가지의 선택지와 나름의 솔루션을 드린다. 두세 번 인연이 있는 보호자들께 그 후의 행동 수정이 잘 되었는지를 여쭙는다. 대략 성공과 실패는 반반의 확률이다.

반려견의 행동은 보호자가 어떠한 마음으로 소통하는가에 따라 아주 다르다.

강아지에게 통제와 리드 줄을 통한 교육을 진행하는 것이 학대라고 생각하는 보호자도 있다.

강아지가 원하는 것은 모두 다 들어 주는 게 맞다고 생각하는 보호자도 있으며, 심각한 수정을 해야 하는 행동이 나오더라도 그냥 참고 살아가는 분들도 계신다.

다시 돌아가, 반려동물을 과연 어떠한 마음으로 마주해야 하는지에 대한 답변을 굳이 뽑아 보자면, 정답은 없다. 살아가며 생각하는 방식이 모두 다르며, 내가 생각하기에 굳이 문제가 없다면 그만인 것이다. 전문가들은 선택지를 드릴 뿐이고 어디까지나 결정은 보호자의 몫이다. 덧붙여 혼자 살아가는 세상이라면 아무런 문제가 없는 것이다.

문제는 타인이 있는 공간, 다른 누군가의 소중한 반려견이 있는 공간에서의 통제를 원활하게 하지 못할 때 문제가 된다. 훈련은 예방의 차원이 크다는 말을 계속 강조했듯이 매너 있는 반려견은 올바른 반려동물 문화를 만들어 가는 데 있어 아주 중요한 역할을 한다.

도심 속에서 살아가는 반려견 또한 보호자의 올바른 통제를 잘 따르고 어울려 살아갈 수 있어야 한다.

그렇다 한다면 보호자의 강인한 마음과 반려견을 올바르게 통제할 수 있는 마음이 중요하다. 통제한다는 것은 절대 사랑하지 않는 것이 아니며, 학대를 하는 것이 아니다. 나의 자녀가 다른 소중한 자녀에게 욕을 한다면? 공격하려고 한다면? 예의 없는 행동을 하며 소리를 지르고 통제가 되지 않아도 방치할 것인가?

"우리는 보호자다."

반려견의 행동에 대해 나의 판단이 맞는지, 틀린지, 반려견과 살아간다는 것은 끊임없는 선택지를 마주하며 살아간다. 그리고 그 선택지를 마주했을 때 결정은 보호자의 몫이다.

보이는 만큼
배운다

"아는 만큼 보인다."라는 말이 있다. 하지만 우리가 반려동물과 살아가는 동안에는 "보이는 만큼 배운다."라는 표현을 더 기억해야 할지도 모른다.

반려견과 살아가다 보면 예상하지 못했던 수정하고자 하는 행동이 보이곤 한다. 그럴 때 우리는 유튜브를 찾아본다. 유튜브는 정말 없는 게 없다. 이런 것까지 있나 싶을 정도로 모든 것이 다 있다. 우리 아이가 수정하고자 하는 행동을 유튜브에 검색하면 관련 영상들이 쭉 나온다. 그리고 그걸 우리 아이에게 대입해 본다. 여기서 끈기를 갖고 소통을 통한 수정하고자 하는 행동이 원하는 대로 보인다면 다행이지만, 아마 쉽지 않을 것이다.

이유는 간단하다. 유튜브에 나오는 영상의 방법이 우리 아이에게는 맞지 않을 수도 있을 것이며, 내가 지금 하는 방법이 맞는지, 틀렸는지 알 수 없으며, 피드백을 받지 못한 채 잘못된 방법으로 교육이 이루어진다면 그 시간은 허투루 보내는 시간이 되고 마는 것이다. 최악은 반려견과 신뢰가 깨지는 경우도 종종 본다.

이런 경우를 본 적이 있다. 유치원에 반려견과 함께 와서 상담을 이어 가던 중 반려견이 보호자의 눈치를 심하게 살폈다. 반려견은 말을 못 할 뿐이지 행동은 거짓말을 하지 않는다. 그래서 여쭤보니 아니나 다를까 아이가 잘못된 행동을 할 때마다 구석에 몰아 다그치는 행동을 굉장히 강하게 하셨다고 한다. 그게 맞는 행동이라고 판단이 되어 그랬을 수도 있다. 그래서 다시 여쭤봤다. 그렇게 하셔서 원하는 행동을 만드셨는지를.

당연히 아니라는 대답을 들었다. 전문가들이 하나같이 이야기하는 핵심적인 이야기가 있다. 엄연히 그들의 언어와 사람의 언어는 다르다. 그들에게 사람의 언어는 외계 언어인 셈이다.

그렇다면 중요한 것은 바로 '타이밍'이다. 정확한 타이밍과 칭찬 그리고 올바른 통제가 정확하게 전달이 되었을 때 아이는 비로소 우리들의 언어를 이해하고 조금씩 따라온다. 전문가들은 하루에도 다양한 성향의 아이들, 그리고 보호자와 상담을 통해 데이터를 만들어 간다. 그리고 그 데이터와 경험을 기반으로 어떠한 방향으로 교육이 이루어져야 할지를 만들어 간다.

반려견 교육에 정답은 없다. 100%도 없다고 본다. 개인적인 경험에 비추어 보면 '방향성'과 '끈기'다. 지치지 않고 내가 원하는 행동을 눈으로 볼 때까지 집중하고 아이와 소통을 하느냐의 문제다.

여기서 다시 본론으로 돌아가 "보이는 만큼 배운다."라는 의미를 생각해 보자. 훈련사를 만나기 위해 어떻게 해야 할지, 머리에 떠올려 보자. 꽤나 간단하면서도 쉽게 떠오르지 않을 수도 있고, 어렵게 생각이 들 수도 있다.

네이버에 반려견 교육, 반려견 훈련사만 검색해 보아도 다양한 정보가 나온다. 그리고 자신의 비용을 투자해 가정방문을 신청하거나 지인 중 반려견 관련 전문가가 있다면 만남을 요청하는 것도 방법이다.

개인적으로 추천하는 방법도 있다. 현재 전국 시도 지자체 등에서 직면하고 있는 큰 화두는 바로 반려견 관련 이슈다. 개 물림 사건 사고, 펫티켓, 이웃 간의 분쟁, 대소변 문제 등 반려 인구가 점차 확대되면서 이슈는 자연스럽게 생기기 마련이다. 그리고 이러한 이슈는 곧바로 프로그램화되어 일반 시민들에게 돌아간다. 생각 이상의 정말 많은 다양한 지자체 기관 등에서 관련 프로그램이 생겨나고, 이루어지고 있다. 동사무소, 길거리에서 볼 수 있는 현수막, 지자체 SNS, 블로그 등을 통해 프로그램을 확인할 수 있다.

이 방법을 추천하는 바는 우선 내가 시간을 투자하여 노력한다면 비용이 들지 않으며, 전문 강사와의 소통을 통해 방법에 대한 정확한 피드백을 받을 수 있다는 것이다. 운이 좋아 반려견과 함께 수업을 듣는 프로그램이 운영된다면, 전문가가 반려견을 직접 눈으로 보고 경험을 토대로 그 아이에게 맞는 훈련 방법을 제시해 줄 것이다.

혼자 할 때보다는 올바른 방법으로 자신의 반려견과 소통을 이어나갈 수 있다는 것이다.

또한, 이러한 프로그램은 생각보다 정교하게 만들어지며, 커리큘럼 또한 전문기관과 담당자와의 소통을 통해 보호자들이 가장 관심 있는 주제로 만들어진다. 훈련의 큰 전제 조건은 '예방'이다. 미리미리 챙겨 듣고 인지하고 있다면 더 행복한 반려 생활이 될 것이다.

"보이는 만큼 배운다."

커뮤니티 활용

하루에도 수십, 수백 개의 관련 정보들이 쏟아지고 있다. 정보가 너무 많아도 문제다.

여기에서 나에게 필요한 올바른 정보를 구별하고 지금 당장 필요할 때의 정보를 찾아 활용하기는 여간 쉽지 않다.

반려동물 문화 특강을 다니며 커뮤니티를 만들어 드리고자 제안을 한다. 서로에게 도움이 될 수 있는 다양한 정보를 주고받을 수 있기 때문이다. 이미 반려인이라면 알고 있는 대형 커뮤니티들도 많이 있고, 지역에서 활동하고 있는 커뮤니티 등도 있지만, 필자가 추천하고자 하는 방식은 20명에서 30명 사이이다. 10명 이내여도 상관없다. 커뮤니티의 핵심은 내 주변 가장 가까운 반려인들끼리 정보를 주고받으며 빠른 피드백을 공유하는 것이다.

반려 인구가 확대되며 연령층이 다양해지고 있다. 주 양육자가 10대부터 80대 어르신들까지 다양해지고 있지만, 어디서 어떻게 정보를 수집하고 활용해야 하는지 어려움이 생긴다. 쏟아져 나오는 정보에 올바른 정보를 구분하기도 쉽지 않다. 예를 들면, 지역 내 괜찮은 동물병원을 찾아야 할 때, 반려동물 동반 식당을 찾고자 할 때, 일부 광고성 성격의 정보가 아닌 실사용자들이 정보를 활용할 수 있어야 한다.

죽은 정보들이 난무하는 것이 아닌 살아 있는 정보들로 피드백이 빠르게 이루어지며 계속해서 업데이트를 통해 언제라도 필요할 때 꺼내 쓸 수 있어야 한다는 것이다.

다만 우리가 조심해야 하는 것은 이러한 커뮤니티가 절대 갑질의 원인이 되어서는 안 될 것이다. 커뮤니티를 앞세워 갑질이 이루어지는 순간 악용될 확률이 높을 것이며, 그 커뮤니티는 본래의 정보 소식 전달 의미가 퇴색될 수 있다. 이러한 부분을 충분히 인지하고 활용하길 바란다.

내 주변 함께하는 산책 친구들, 아파트 대단지라면 단지 내의 반려인분들, 동네 반려인분들 그 누구라도 상관없다. 살아 있는 정보들이 숨을 쉬며 올바른 정보들을 많이 만날 수 있는 커뮤니티를 통해 더욱더 유쾌한 반려 생활이 되길 기원한다.

▶ 예방 접종별 접종 시기

예방 접종명	기초 접종	접종 시기	접종 간격	추가 접종
혼합백신	5회	생후 40일 부터	2~4주	연 1회
코로나 장염	2~3회			
전염성 기관지염	2~3회			
개 인플루엔자	2회			
곰팡이 백신	2회	생후 70일 부터		
광견병	1회	생후 90일 부터		
심장사상충 예방	월 1회 (8주령부터)			

▶ 반려견을 즉시 병원에 데려가야 할 때!

- 걷지 못할 때

- 숨 쉬는 걸 힘들어할 때

- 깊이 베이거나 물리거나 찔렸을 때

- 쥐약, 부동액, 사람 약 등을 먹었을 때

- 처음 발작을 하거나, 발작이 오래갈 때

■ 공공장소의 반려동물 예절[30+]

도심지 공원, 산책로, 보행도로, 교차로, 건널목 등과 같은 공공장소에서 반려동물의 행위로 발생할 수 있는 상황을 예방하기 위해 반려인이 지켜야 할 펫티켓을 구체적으로 제시한다. 이러한 펫티켓은 공공장소에서의 쾌적한 공존을 위해 필수적이다.

1. 목줄 착용: 공공장소에서 반려동물은 항상 목줄을 착용한다.

2. 배변 관리: 반려동물이 배변한 경우 즉시 청소하고 적절히 처리한다.

3. 보행자 우선: 보행자가 많은 길에서는 반려동물을 가까이 두고 타인에게 방해되지 않게 주의한다.

4. 교차로 및 건널목에서의 주의: 교차로와 건널목에서는 반려동물을 더욱 단단히 통제하고, 신호를 잘 따른다.

5. 사람들이 많은 곳에서의 안전 유지: 사람들이 많은 장소에서는 반려동물을 안아 들거나 캐리어에 넣어 안전을 확보한다.

6. 타인과의 안전거리 유지: 타인과 반려동물 사이에 적절한 거리를 유지하여 불편함을 주지 않는다.

7. 반려동물 소음 관리: 공공장소에서 반려동물이 과도하게 짖거나 소리를 내지 않도록 관리한다.

8. 다른 반려동물과의 상호작용 주의: 다른 반려동물과의 긍정적인 상호작용을 유도하고, 갈등이 발생하지 않도록 주의한다.

9. 공원 내 규정 준수: 공원 내 반려동물 관련 규정을 준수하고, 지정된 지역에서만 반려동물을 놀게 한다.

10. 어린이 및 노약자 배려: 어린이나 노약자 근처에서는 반려동물을 더욱 세심하게 통제한다.

11. 반려동물 금지 구역 존중: 반려동물 동반 금지 구역에서는 반려동물을 데리고 들어가지 않는다.

12. 물가 및 자연 보호 구역에서의 주의: 물가나 자연 보호 구역에서는 반려동물이 환경을 해치지 않도록 주의한다

13. 반려동물 먹이 주기 금지: 공공장소에서는 반려동물에게 외부 음식을 주지 않는다.

14. 걷기 및 산책 경로 공유: 산책로나 보행도로를 다른 사람들과 공유할 때는 반려동물이 길을 막지 않도록 주의한다.

15. 야생동물 보호: 공공장소에서 반려동물이 야생동물을 쫓거나 해치지 않도록 주의한다.

16. 야간 산책 시 안전 장비 사용: 야간에 반려동물과 산책할 때는 반사 조끼나 빛나는 목줄을 사용하여 가시성을 높인다.

17. 이동 중 통제: 자전거나 인라인 스케이트 등을 타며 반려동물을 이동시킬 때는 안전하게 통제한다.

18. 교통 규칙 준수: 도로를 건널 때는 반려동물과 함께 교통 규칙을 준수하며 신호를 따른다.

19. 사람이 많은 행사에서의 주의: 축제나 행사가 열리는 공공장소에서 반려동물을 데리고 갈 때는 주변 사람들에게 불편을 주지 않도록 주의한다.

20. 반려동물의 건강 상태 확인: 공공장소에 나가기 전에 반려동물의 건강 상태를 확인하고, 전염병 예방을 위해 필요한 조치를 취한다.

21. 무더위 및 추위 대비: 극심한 날씨 조건에서 반려동물의 건강을 보호하기 위해 적절한 대비를 한다.

22. 비상 사태 준비: 반려동물과 함께 외출할 때는 비상사태에 대비하여 물, 음식, 응급 처치 용품을 준비한다.

23. 적절한 물 섭취: 장시간 외출 시 반려동물이 충분한 물을 마실 수 있도록 한다.

24. 타인의 허락 얻기: 타인이 반려동물을 만지고 싶어 할 때는 반려동물의 상태를 고려하여 허락 여부를 결정한다.

25. 사진 촬영 시 주의: 공공장소에서 반려동물의 사진을 촬영할 때는 타인의 사생활을 존중하고 허락을 받는다.

26. 반려동물의 피부 및 발 관리: 뜨거운 포장도로나 추운 눈길을 걸을 때는 반려동물의 발바닥을 보호한다.

27. 교육 및 훈련: 반려동물이 공공장소의 다양한 상황에 적절히 대응할 수 있도록 기본적인 교육과 훈련을 한다.

28. 장난감 및 놀이 용품 관리: 공공장소에서 반려동물의 장난감이나 놀이 용품을 사용할 때는 다른 사람이나 동물에게 방해가 되지 않도록 주의한다.

29. 주변 환경 보호: 반려동물과 함께하는 활동 중에도 주변 환경을 보호하고 쓰레기를 적절히 처리한다.

30. 음식물 섭취 주의: 공공장소에서 반려동물이 바닥에 떨어진 음식물을 먹지 않도록 주의한다.

이러한 펫티켓을 준수함으로써, 반려인과 반려동물 모두가 도심지 공원, 산책로, 보행도로 등 공공장소에서 보다 쾌적하고 안전하게 시간을 보낼 수 있다.

II

반려견과 함께
살아가기

우리 개는
안 물어요

친구 집에 들어가기 위해 입구에서 신발을 벗고 집 안으로 들어가려는 찰나, 안전문 반대편에서 강아지가 나를 죽일 듯이 짓고 있다. 그때 보호자가 이야기한다. "괜찮아, 우리 개는 안 물어…" 한 번쯤 유튜브에서 봤을 법한 영상이다.

현실에서도 이런 일이 왕왕 있다. 입질이 있는 강아지가 동반 놀이터 또는 카페에서 반려인 또는 반려견을 물었다. 그런 후 현 상황에 대해 시시비비를 따지면 "어머 우리 애가 원래 이런 애가 아닌데…." 하며 당황해한다. 과연 정말 처음이었을까? 전조증상이 있었을 것이다. 물론 정말 처음일 수도 있지만, 자신의 반려견을 유심해 관찰해 본다면 입질로 이어지기 전까지의 앞 상황에 비슷한 행동들이 한 번씩 나왔을 확률이 높다.

개인적으로 이 분야에 관심이 있기 전에는 강아지에게 물리는 것이 큰 두려움이 없었던 것 같다. 다가가지 않고 스스로 조심하면 물릴 일 자체가 없었다. 문제는 이 분야에 들어오고 나서 반려견들을 많이 만나고 교육을 하다 보면 꼭 한 번씩 물리는 일이 생긴다. 이유는 간단하다. 보호자가 이야기를 해 주지 않아서다.

반려동물 문화 축제 현장에서도 그렇다. 스텝이 다가가려 하니 반려견이 입질하여 다치는 경우도 있고, 반려견 놀이터 안으로 입질 있는 강아지가 들어와 다른 강아지를 물기도 하며, 애견 카페, 유치원 등에서 비일비재 발생하고 있는 일이다. 실제로 없을 것 같지 않은가? 생각하는 것보다 훨씬 많다.

일상생활 속 모두가 그렇지는 않지만, 일부 반려인들은 자신의 강아지에게 너무 관대하다. 입질은 사람 또는 강아지를 무는 행위로 절대로 일어나서는 안 되며, 내가 소중히 생각하는 존재가 있는 만큼 타인에게도 소중하고 중요한 존재가 있는 것이다.

여기에서 우리 반려견이 입질이 있거나 다른 강아지 또는 타인에게 반응이 강하다면 빠르게 캐치를 해서 교육을 진행해야 한다. 간혹 타인은 물지 않는데 가족들에게만 입질한다는 보호자들이 있다. 교육을 진행해 보실 의향이 없냐고 여쭤보면 가족이라 그냥 저냥 참고 산다고는 이야기하지만, 가족을 무는 아이는 언제 어디서 어떻게 돌변하여 타인에도 공격성을 내비칠지 모른다.

"세상에 물지 않는 강아지는 없다."

자신을 보호하기 위해서, 특정한 싫어하는 향기를 맡게 됐을 때, 어느 한 부위가 아픈데 그 부분을 만지게 됐을 때, 트라우마로 인해서 등 다양한 이유로 무는 행위를 보일 수 있다.

우리는 반려인과 비반려인이 공존하는 세상이며, 무엇보다 우리는 '보호자'다. 나의 반려견이 타인에게 상처를 주는 행위는 보호자가 막아 주어야 하며, 올바른 교육을 통해 잘 관리하는 것은 굉장히 중요하다.

길을 가다 귀여운 강아지가 있을 때 다가가기 전 강아지를 만져 봐도 되냐고 묻는 펫티켓도 중요하지만, 자신의 강아지를 잘 관찰하고 체크하여 타인에게 상처를 주는 일은 절대 없어야 한다.

▶ 강아지가 보내는 경고 신호 인지하기

1. 강아지가 등의 털을 세울 때

2. 몸이 경직될 때

3. 낮은 소리로 으르렁거릴 때

4. 꼬리를 곧게 세우고 있을 때

   (즐거워서 꼬리를 흔드는 것과는 느낌이 다르다.)

5. 입술을 삐죽거릴 때

오프리쉬
(Off-Leash)

간혹 운전하거나 산책할 때 줄을 매지 않은 채 보호자와 밖을 돌아다니는 강아지를 마주한다. 산책할 때 줄을 매지 않은 강아지가 꼬리를 치며 나에게 다가올 때 흰둥이는 경계 태세를 갖춘다. 흰둥이는 실제로 다른 강아지를 좋아하지 않아 함께 사는 가족들 외에는 다른 친구들을 만나게 하지 않는다. 얼마나 불안하고 아슬아슬한지 모른다.

이때 오프리쉬[1]를 한 보호자는 웃으며 말한다.

"괜찮아요, 다른 친구들을 좋아해요, 물지 않아요."

그러면 나는 이렇게 답하곤 한다.

"아니요, 제가 괜찮지 않아요, 우리 흰둥이는 물어요."

이 글을 보고 계신 분 중에는 제발 오프리쉬를 하는 분들은 없기를 희망한다. 줄을 매지 않고 밖을 나온다는 것. 또는 산책을 하며 공원 등에서 줄을 푸는 행동은 강아지와 사람 모두에게 매우 위험한 행위이다. 어디로 튈지 모르는 강아지를 피하려다 오토바이, 자전거 등 넘어지는 사고도 빈번하게 일어나며, 돌발적 이슈가 발생하여 강아지가 차도 쪽으로 튀어 나가는 사고도 있을 수 있다.

타인의 강아지에게 달려들거나, 강아지에게 반응이 강한 대형견 친구들이 줄을 매지 않은 강아지를

---

1) 오프리쉬(Off-Leash)는 반려견이 목줄을 착용하지 않은 것을 뜻한다.

보고 순간적으로 튀어 나간다면 보호자가 넘어지는 사고로도 이어질 수 있기 때문이다. 누굴 탓하겠는가. 모두 오프리쉬를 한 보호자의 잘못이다. 간혹 산책할 때 줄을 매지 않는 강아지를 마주하면 나도 모르게 긴장하게 된다. 줄을 매지 않고 외출하는 것은 매우 위험한 행동이다.

최근 SNS, 블로그, 카페 글들을 보면 오프리쉬에 대한 이야기들이 많이 나오고 있으며, 이로 인한 사건, 사고들이 발생하고 있다. 줄을 매지 않은 보호자들이 하나 같이 하는 이야기들이 있다.

"우리 아이는 나만 따라온다. 물지 않는다. 착하다. 문제를 일으키지 않는다."

그런데 여기서 중요한 건 자신의 반려견이 어떠한 상태라는 것은 크게 중요하지 않다. 왜? 혼자 걷고, 혼자만 지내는 공간이 아닌 도심 속이라는 것이 문제다. 이 책에서 처음부터 끝까지 강조하는 중요한 메시지이기도 하지만, 공존의 세상에서 나의 행동으로 인해 타인이 불편함이 느낀다면 하지 않는 것이 맞다. 우선 반려견에게도 오프리쉬는 매우 위험하다.

자신의 강아지가 어떠한 상황에서도 자신이 생각하는 100% 행동을 할 것이라고 확신할 수 있는가? 절대적으로 물지 않을 것이라고 확신할 수 있는가? 돌발적 환경에 대해 아무런 이슈 없이 내가 원하는 대로만 행동할 수 있다고 믿는가?

전문가를 포함한 그 누구도 강아지의 행동을 100%로 확신을 할 수 있는 사람은 없다. 실제로도 전문가들이 다루는 강아지들에게도 이슈는 발생한다. 오프리쉬를 하고자 한다면 오프리쉬가 가능한 놀이터 또는 운동장 등에서 해야 하며, 그 외에는 모두 동물보호법을 위반하는 행동이며 위험한 행동이다.

나를 위해, 모두를 위해, 반려견을 위해, 오프리쉬는 절대 제발 제발 하지 말자!

▶ 산책 도구 용품! "펫투데이"의 '슬라이드 댕블러'

instagram.com/petoday_family

제품의 특징은 반려견 급수용 물병에서 슬라이드 그릇, 간식 통, 배변 봉투 통을 한 번에 들고 갈 수 있다. 산책 시 손쉽게 보살핌이 이루어질 수 있도록 설계된 반려견 산책용 일체형 텀블러로써 슬라이드 물그릇이 있는 것이 강력한 특징이다.

반려견 기질 평가,
누구를 위한
것일까?

2015년 6월, 오사카에서 거주하는 한 남성이 주택가에서 조깅을 하고 있었다. 남성이 조깅하며 천천히 달려오자 A 강아지가 짖기 시작했고, 부근에 있던 닥스훈트가 덩달아 짖기 시작하며 남성 쪽으로 뛰어나갔다. 순간 닥스훈트의 주인은 쥐고 있던 목줄을 놓쳤고, 남성은 달려드는 닥스훈트를 급하게 피하려다 넘어지면서 손목이 부러졌다. 손목이 부러진 남성은 반려견 주인을 상대로 손해배상 소송을 제기했고, 법원은 우리 돈으로 약 1억 3,000만 원을 배상하라고 판결했다. 미국 캘리포니아의 경우 개 물림 사고 평균 보상액은 4,800만 원(2006년 기준)이라고 한다.

해외에서는 일부 맹견의 경우 일반인이 키우는 것을 금지하거나 사전에 공격성을 확인하기 위해 기질 테스트를 하는 등 엄격한 법과 제도를 운용하고 있다. 독일의 함부르크·베를린주 등은 반려견 관련 지식을 시험으로 치르는 반려견 면허 시험을 시행하고, 통과한 사람들에게는 반려견 산책 줄 착용 의무를 면제해 준다. 니더작센주에서는 모든 보호자에게 반려견 면허 시험을 치르도록 하고 있다. 미국 또한 '개 물림 법(Dog Bite Law)'을 제정해 목줄을 착용하지 않는 개에 의해 사고 발생 시 엄격한 규제를 적용하고 있다.

오사카의 사고에서 보았든 만약 강아지가 낯선 사람에 대한 반응이 없었거나, 돌발적 환경에 대한 반응이 없던 아이였다면 저런 사고는 분명 일어나지 않았을 것이다. 그렇게 해서 일어난 결과는 참담하다 못해 꽤 엄청난 손실을 초래했다. 1억 3천만 원….

미국 캘리포니아 경우도 그렇다. 우리나라도 개 물림 사고, 또는 올바른 통제를 하지 못해 일어나는 사고에 대해 엄중하고 높은 처벌이 이루어졌다면 아마 지금보다 훨씬 나은 반려동물 문화가 이루어지지 않았을까 싶다. 이쯤 되면 고민해 볼 필요가 있다.

기질 평가, 누구를 위한 것일까?

이제 대한민국도 기질 평가가 이루어질 예정이다, 입양자 교육, 보호자 의무 교육과 같이 반려인이 필수적으로 알아야 하는 교육들이 점차 확대되며 의무화될 것이다. 동물보호법도 점차 강화가 되고 있다는 것을 새삼 피부로 느끼고 있는 요즘이다.

올바르게 반려견을 바라보며 꼭 필요한 교육을 인지하고 배운 것을 토대로 반려견에게 교육을 진행해야 하는 것은 이제 어쩌면 필수가 되어 버린 시대에 살고 있는지도 모른다.

현재 대한민국에서는 다양한 기질 평가 테스트들이 이루어지고 있다. 그중 KCMC문화원 이웅종 교수님께서 고민하신 수년간의 현장 경험과 전문가가 아닌 일반 보호자들이 인지하고 쉽게 따라 할 수 있는 기본적인 기질 테스트 교육에 관심을 둘 필요가 있다.

KCMC문화원의 기본은 '책임감 있는 보호자'라는 메시지를 전달하는 교육을 목표로 매너 있는 시민 견에 대한 펫티켓을 강조하고 있다.

1. 반려견과 함께 걷기

2. 불러들이기 (앉아 5m)

3. 낯선 사람과 대화하기

4. 낯선 사람이 쓰다듬기 (앉아 있기)

5. 외모의 그루밍 (빗, 청진기, 목줄 매기)

6. 돌발적 환경에 대한 반응 (방해 자극)

7. 다른 반려견을 만났을 때 반응

8. 낯선 사람과 함께 있을 때 반응 (2분)

9. 군중 속 걷기 (기다리기)

10. 정해진 장소에서 기다리기 (5m/5분)

위 열 단계 테스트를 가만히 들여다보자. 감히 예상하건대 위 열 가지를 보호자가 완벽히 이해한 후 자신의 반려견에게 교육을 통해 이행할 수 있다면 함께 살아가는 삶은 굉장히 평온할 것이다.

반려견과 함께 걸으며 반려견이 줄 당김이 없거나 보호자의 통제에 잘 따라온다면 산책에 대한 만족도는 올라갈 것이며, 강아지를 불러들여 즉각적으로 명령에 따라 보호자에게 온다는 것은 신뢰와 믿음에 대해 알 수 있는 기준이기도 하다. 줄을 놓치거나 돌발 상황 시 사고를 미연에 방지할 수도 있을 것이다.

낯선 사람이 다가오거나 만지려고 할 때의 반응을 사전에 체크하는 것은 매우 중요하다. 사전에 교육을 했다면 매너 있고 올바르게 통제가 되었을 것이며 일본 오사카와 같은 사고는 일어나지 않았을 것이다.

돌발적 환경과 다른 반려견을 만났을 때 반응은 우리가 산책하며 언제든지 만날 수 있는 상황 중 하나다. 오토바이, 자전거 등에 노출이 되었을 때 보호자를 믿고 평온하게 잘 걷는다는 것은 도심 속에 살아가는 반려견에게는 꼭 필요한 교육이다. 간혹 다른 반려견에 반응이 강한 친구들이 있다. 보호자께 되묻는다. 그럼 산책은 주로 언제 하시느냐고, 보통 밤늦은 시간, 다른 강아지들이 없을 때 도둑 산책을 한다고 한다.

혹 이 글을 보고 있는 보호자 중 도둑 산책을 하고 있다면 관심을 두고 교육을 해 본다면 얼마든지 이룰 수 있다. 올바른 산책에 대한 보다 자세한 내용은 '반려견과 여행하기 전 체크 사항' 부분을 유심히 읽어보고 실천해 보길 권한다.

반려견이 '기다려!'를 잘한다면 일상생활은 물론 보호자 입장에서도 다양한 긍정적인 효과를 볼 수 있다. 환경에 적응도 잘하며 분리 불안 등을 해소하는 기초 예절 교육의 척도가 되기도 한다. 또한, 줄을 놓쳐 사고가 일어나는 것도 막을 수 있다.

요즘은 반려견 관련 정보들이 넘쳐나며 개인기 등 반려견과 소통을 이어가는 보호자들이 많아지고 있다. 위 열 가지 테스트는 KCMC문화원에서 많은 고민을 통해 가장 기본적이며 누구라도 쉽게 따라 할 수 있는 테스트를 통해 올바른 반려동물 문화를 만들기 위해 만들어진 테스트라고 할 수 있을 것이다.

교육은 예방 차원의 목적이 크다. 미리 인지하고 공부하여 평온한 반려 생활을 만들어 보자.

산책 강박증

매일 산책을 하지 않으면 죄인이 된 듯하고 죄책감이 든다. 반려동물과 함께 살아가다 보면 누구나 한 번쯤 갖는 생각이다.

어느 날 상담에서 만난 한 가족은 산책의 고충에 대해 털어 놓았다. 아버지, 어머니, 딸이 구성원으로 살아가는 가족인데, 아버지가 반려견 산책 시간표를 정해 놓고 그 시간에는 무조건 산책시키고 가족 단톡방에 올려야 그날 하루가 마무리된다는 케이스였다. 덕

분에 어머니와 딸은 그 시간이 다가오면 무엇인가 쫓기듯, 하던 일정을 마무리하고 산책을 시켜야 했으며 스트레스가 이만저만이 아니었다는 것이다.

장시간 산책으로 보호자가 피로를 호소하는 경우도 있었다. 작년에는 한 번 산책하러 나가면 한 시간가량 걸렸다고 한다. 그런데 올해는 한 시간이 부쩍 넘어도 강아지가 지치지도 않고 계속해서 산책하자는 행동을 보여 너무 힘들다는 고민이었다.

보호자가 힘들어하는 경우, 내가 가장 염려하는 부분은 보호자가 지치면 강아지가 파양될 확률이 높다는 사실이다. 이러한 산책에 대한 강박증이 생기는 순간부터 보호자의 생활 방식은 깨져 버릴 확률이 높다. 개인마다 다르겠지만 살아가는 방식과 저마다 자신의 생활 습관이 있다. 물론 반려견과의 산책은 중요하고 당연시되어야 하는 것도 맞으나, 보호자의 안정적인 일상 가운데 강아지 산책이 잘 안착하도록 균형을 맞출 필요가 있다.

만약 오늘 사정이 생겨 산책하기 어렵거나 하지 못했다면 죄책감을 가질 필요가 전혀 없다. 몸을 쓰는 산책이 아닌 집에서 할 수 있는 다양한 놀이, 교육, 소통 형태의 머리를 쓰는 산책을 하면 된다. 집에서 할 수 있는 산책이라고 하면, 보호자들이 "그게 과연 강아지가 좋아할까요?"라고 되묻는 경우가 많다. 반대로 한번 생각해 보자.

집에서 작업하기 위해 방에서 무엇을 할 때면 아이들은 각자 자신들의 방에 들어가 있다. 그러나 내가 거실로 나가면 우르르 달려 나와 내 주변 또는 내가 있는 공간에 같이 있으려고 한다. 또 다른 예를 들어 보자. 만약 강아지에게 문을 열어 주고 밖에 나갔다 오라고 한다면 과연 아이가 행복하고 좋을까? 강아지들에게 산책이 진짜 좋은 이유를 고민해 본다면 아마 '보호자'와 함께하기 때문이 아닐까 싶다. 밖의 다양한 풍경, 소리, 냄새 등 다양한 요인이 있을 수 있겠지만, 그중 가장 으뜸은 당연히 보호자와의 시간 때문일 것이다. 반려견은 불구덩이라도 보호자와 함께라면 따라올 녀석들이다.

강박감을 갖고 죄책감을 느끼는 대신 내가 집에서 아이와 할 수 있는 다양한 소통을 고민해 보고 아이와 더 튼튼한 연결고리를 만들어 보길 바란다. 끝으로 산책도 중요하지만, 그보다 더 중요한 것은 보호자가 주도하는 '올바른 산책'이라는 것도 잊어서는 안 될 것이다.

보호자가 주도하는 산책이란, 강아지가 원하는 방향으로 따라가는 것이 아닌 내가 제시하는 방향으로 강아지가 따라올 수 있도록 하는 것을 의미한다.

■ 산책을 나가지 못할 경우
집 안에서 할 수 있는 놀이[30+]와 반려동물 예절

집 안에서 반려동물과 즐길 수 있는 놀이들과 그 과정에서 지켜야 할 펫티켓을 구체적으로 제시한다. 이 활동들은 반려동물의 신체적, 정신적 건강을 유지하는 데 도움이 된다.

✚ 집 안에서 할 수 있는 놀이 30가지

1. 노즈워크: 집 안 곳곳에 간식을 숨겨 반려동물이 찾도록 한다.
2. 인터랙티브 퍼즐: 반려동물용 퍼즐 장난감을 사용하여 정신적 자극을 제공한다.
3. 토그 오브 워(견주기 놀이): 견주기용 장난감으로 함께 놀면서 신체 활동을 증진시킨다.
4. 숨바꼭질: 집 안에서 반려인이 숨고 반려동물이 찾도록 한다.

5. 버블 캐치: 비눗방울을 불어 반려동물이 잡도록 한다.

6. 명령어 게임: 새로운 명령어를 가르치거나 기존의 명령어를 복습한다.

7. 레이저 포인터 잡기: 레이저 포인터로 빛을 움직여 반려동물이 쫓도록 한다(주로 고양이에게 적합).

8. 장애물 코스: 집 안에 간단한 장애물 코스를 만들어 반려동물이 통과하도록 한다.

9. 공 굴리기: 공을 굴려 반려동물이 쫓도록 한다.

10. 물체 이름 가르치기: 장난감이나 물건의 이름을 가르친다.

11. 트릭 트레이닝: 간단한 트릭을 가르쳐 정신적, 신체적 활동을 증진시킨다.

12. 가정용 어질리티: 집안 가구를 활용하여 간단한 어질리티 코스를 만든다.

13. 냄새 맡기: 각기 다른 냄새가 나는 물건을 이용해 냄새 구별 능력을 테스트한다.

14. 음악 듣기: 반려동물이 편안해하는 음악을 들어 준다.

15. DIY 장난감 만들기: 집 안에 있는 재료로 새로운 장난감을 만들어 본다.

16. 박스 탐험: 빈 박스를 여러 개 준비해 반려동물이 탐험하도록 한다.

17. 스파 타임: 부드러운 수건으로 반려동물을 감싸안고 마사지를 해 준다.

18. 종이컵 게임: 종이컵 아래 간식을 숨기고 반려동물이 찾도록 한다.

19. 집 안 탐험: 평소 접근하지 못하는 방이나 구석을 함께 탐험한다.

20. 패션쇼: 반려동물을 위한 옷이나 액세서리를 입혀 보고 사진을 찍는다.

21. 카메라 놀이: 반려동물의 귀여운 모습이나 특별한 순간을 사진이나 영상으로 기록한다.

22. 동화책 읽어 주기: 반려동물에게 동화책을 읽어 주며 함께 시간을 보낸다.

23. 집 안 경주: 안전한 구역을 정해 놓고 반려동물과 함께 달린다.

24. 휴식 시간: 반려동물과 함께 편안하게 누워 휴식을 취한다.

25. 간식 찾기 게임: 간식을 손에 숨기고 어느 손에 있는지 맞추게 한다.

26. 페더 완드 놀이: 깃털 장난감을 이용해 반려동물과 논다.

27. 매직 트릭: 간단한 마술 트릭을 반려동물 앞에서 선보인다.

28. 집 안 캠핑: 거실에 텐트를 치고 반려동물과 함께 캠핑 분위기를 낼 수 있다.

29. 수수께끼 게임: 반려동물이 해결할 수 있는 간단한 수수께끼나 퍼즐을 제시한다.

30. 티 파티: 반려동물과 함께하는 가상의 티 파티를 연다.

✚ 지켜야 할 펫티켓

- 안전 우선: 모든 놀이는 반려동물의 안전을 최우선으로 고려하여 선택한다.
- 반려동물의 호응을 관찰: 반려동물이 불편해하거나 관심이 없어 보이는 활동은 피한다.
- 청결 유지: 놀이 후에는 반려동물과 놀이 도구, 놀이 공간을 청결하게 정리한다.
- 건강 상태 체크: 놀이 전후로 반려동물의 건강 상태를 체크하여 문제가 없는지 확인한다.
- 과도한 스트레스 방지: 반려동물에게 과도한 스트레스를 주지 않도록 활동의 강도와 시간을 조절한다.

위의 놀이들을 통해 반려동물과의 집안 생활이 더욱 풍요롭고 즐거워질 수 있다. 반려동물의 건강과 행복을 위해 적절한 관심과 애정을 쏟도록 한다.

산책, 이것만은 알고 하자

겨울철 반려견 산책은 더욱 신경을 써 줘야 한다. 애초 야생에 적응하며 살아간 아이들이라면 각자의 추운 환경을 이겨 내는 방법들을 찾고 적응할 것이다. 반려견은 그러한 적응을 하기도 전에 보호자라는 울타리에 들어와 살아가고 있다. 겨울철 산책 시 필요한 옷, 적정 체온 유지를 위한 산책 시간, 건강 체크 등을 잘 관찰하여 추운 겨울을 건강하게 지낼 수 있게 도와줘야 한다.

눈이 온 날 SNS에는 반려견들과 함께 산책하며 찍은 행복한 인증 사진들이 많이 보인다. 즐거운 산책 사진을 볼 때마다 반드시 조심해야 하는 부분을 강조하고 싶다.

만약 산책하는 코스에 염화칼슘이 뿌려져 있다면 신경을 써야 한다. 열 때문에 저온 화상을 입을 수도 있으며, 유심히 바라보면 날카로운 부분이 있는데 밟게 된다면 상처를 입을 수도 있다. 염화칼슘이 눈 속에 있으면 잘 보이지 않는 경우도 있어 보호자가 잘 챙겨 봐야 하며, 눈이 있는 곳에 산책을 다녀온다면 필수적으로 아이들 발을 체크할 필요가 있다.

모든 강아지가 눈을 좋아하지는 않는다. 눈을 싫어하는 아이도 있고, 차가운 바닥을 밟는 걸 싫어하는 아이도 있으니, 자신의 반려견이 눈을 좋아하는지 싫어하는지 잘 관찰해야 한다.

발바닥이 습해져 있는 상태가 지속되면 간염, 말라

세지아 곰팡이가 증식하며 생기는 질병에 걸릴 확률
이 높다. 겨울철 눈을 밟거나 얼음이 있는 곳에서 산책
이 이루어졌다면 필수적으로 깨끗하게 씻고 잘 말려
줘야 한다. 이는 여름철에도 해당되므로 아이들 발은
항상 청결하게 유지해 주는 것이 좋다.

추가로 여름철에 조심해야 할 것 중 하나는 바로 도깨
비 씨다. 풀숲이나, 트래킹을 하다 보면 아이들 몸에 도
깨비 씨가 붙어 하나씩 떼는 수고로움을 한 번씩 경험해
봤을 것이다. 문제는 눈에 들어가는 경우 불편함이 나타
나 강아지가 바로 표현한다면 다행이지만 시간이 흐른
뒤에 나타난다면 큰 위험으로 갈 수도 있으니 유의하자.

특히 날이 너무 더운 여름에는 태양과 아스팔트가
뜨거운 시간에 산책하러 나가기보다는 선선한 오후
시간대에 산책을 추천하며, 강아지는 혀, 그리고 발
바닥을 통해 열을 배출하기에 수건에 시원한 물을 적
셔 몸통에 덮어 주거나, 컨디션을 꼼꼼하게 체크하며

수분 보충과 산책 시간을 조절하는 것이 좋다.

도깨비 씨와 마찬가지로 몸에 붙는 것 중의 하나인 진드기와 해충도 조심해야 한다. 진드기를 가볍게 여기는 분들이 더러 있는데, 중증열성혈소판감소증후군 감염으로 반려견에 붙은 벌레를 잡은 후 60대 여성이 사망하는 사고도 있었으며, 반려견에게도 치명적일 수 있다.

산책이 끝난 후에는 필수로 진드기가 붙어 있는지 함께 체크를 해 주며, 여름철에는 심장사상충 약과 진드기 기피제를 꼼꼼하게 사용하길 바란다.

아무래도 야외 활동이 한정적일 수밖에 없는 겨울철, 실외 배변을 하는 아이라면 날씨나 기온, 바람 부는 유무에 따라 집 앞을 살짝 도는 산책을 진행하자. 밖에 자주 나가지 못하는 상황이라면 실내에서 할 수 있는 다양한 놀이라든지, 보호자와 소통을 할 수 있는 교육을 더 많이 해 주길 바란다.

또한, 겨울철이 오기 전 미리 옷 입는 연습도 추천한다. 시간을 여유 있게 두고 옷 입는 교육을 진행해 보자. 미리 얇은 옷부터 시작하여 패딩 입기, 신발신기 등을 연습하고 교육한다면 겨울이 되어 나갈 때마다 옷 입히느라 씨름할 일은 사라질 것이다.

옷을 입히는 겨울철이 되면 줄이 끊어져서 아이를 놓치게 되는 사고도 빈번하게 발생한다. 간혹 등 위로 나와 있는 옷 위에다 리드 줄을 거는 경우들이 더러 있다. 고리나 결합체가 단단하게 되어 있는 것들이라면 상관없다. 그러나 줄 당김이 심한 반려견 중 옷 위에 바로 결합을 한 상태로 산책을 하다 갑작스러운 이슈에 확 치고 나간다면 결합하여 있는 리드 줄이 끊어져서 놓치는 것이다. 꼭 안전하게 결합하여 이러한 사고를 방지할 필요가 있다.

겨울철 보호자는, 반려견이 산책을 즐거워하는 것처럼 보여도 추운 날씨 속 장시간 산책은 강아지에게 좋지 않다는 것을 인지해야 한다. 저체온증, 동상, 소화 장애 등을 유발할 수도 있기 때문에 견종에 따라, 아이의 건강 상태에 따라 적절한 시간을 점검하여 산책을 하자. 적정 시간은 소형견 20분, 중·대형견 30~40분 이내로 산책하는 걸 추천하며, 햇빛이 있는 낮을 활용하는 것이 좋다.

▶ 기온별 옷차림

기 온	소형견	중형견	대형견
15℃ 이상	옷 없이 산책	옷 없이 산책	옷 없이 산책
10~14℃	가벼운 옷	옷 없이 산책	옷 없이 산책
5~9℃	도톰한 옷	가벼운 옷	옷 없이 산책
0~4℃	따듯하게 입기 (패딩, 껴입기 등)	도톰한 옷	가벼운 옷
영하 1~5℃	따듯하게 입기 (패딩, 껴입기 등)	따듯하게 입기 (패딩, 껴입기 등)	도톰한 옷
영하 6~10℃	따듯하게 입기 (패딩, 껴입기 등)	따듯하게 입기 (패딩, 껴입기 등)	따듯하게 입기 (패딩, 껴입기 등)
영하 11℃ 이하	따듯하게 입기 (패딩, 껴입기 등)	따듯하게 입기 (패딩, 껴입기 등)	따듯하게 입기 (패딩, 껴입기 등)

■ 산책 중 반려동물 예절[30+]

　산책 중 반려동물의 행위로 인해 발생할 수 있는 상황들을 예방하기 위해 반려인이 지켜야 할 펫티켓은 산책 시 발생할 수 있는 다양한 문제를 최소화하고, 안전하며 즐거운 산책 환경을 조성하는 데 도움을 준다.

1. 목줄 착용: 공공장소에서는 반드시 목줄을 착용시켜 다른 사람이나 동물에게 피해를 주지 않도록 한다.

2. 배변 봉투 지참: 산책 시 배변 봉투를 지참하고, 반려동물이 배변한 것은 즉시 청소한다.

3. 타인에 대한 배려: 타인과의 적절한 거리를 유지하고, 반려동물이 다가가지 않도록 주의한다.

4. 동물과의 상호작용 주의: 다른 반려동물과의 상호작용 시 주의를 기울이고, 갈등이 발생하지 않도록 감독한다.

5. 쓰레기 무단 투기 금지: 배변 봉투나 기타 쓰레기는 지정된 쓰레기통에 버린다.

6. 소음 최소화: 반려동물이 과도하게 짖어 다른 사람에게 피해를 주지 않도록 훈련한다.

7. 산책로 이용 규칙 준수: 지정된 산책로를 따라가고, 금지된 구역에는 들어가지 않도록 한다.

8. 교통 규칙 준수: 도로를 건널 때는 반드시 교통 신호를 지키고, 반려동물이 갑자기 도로로 뛰어들지 않도록 주의한다.

9. 동물 학대 금지: 산책 중에 반려동물에게 고함치거나 강압하지 않는다.

10. 낯선 사람에 대한 주의: 반려동물이 낯선 사람에게 다가가지 않도록 주의를 기울인다.

11. 물 주기: 장시간 산책할 때는 반려동물에게 물을 주기 위해 물병을 준비한다.

12. 건강 상태 확인: 산책 전 반려동물의 건강 상태를 확인하고, 문제가 있다면 산책을 자제한다.

13. 이동 경로 공유: 가족이나 동거인과 산책 경로를 공유하여, 비상 상황 시 위치를 알 수 있도록 한다.

14. 적절한 산책 시간 선택: 너무 덥거나 추운 시간을 피해 산책 시간을 선택한다.

15. 산책 도구 준비: 산책 시 필요한 도구(목줄, 하네스, 물병, 배변 봉투 등)를 준비한다.

16. 반려동물 식별 정보: 반려동물에게 식별 가능한 목걸이나 마이크로칩을 부착하여, 분실 시 찾을 수 있도록 한다.

17. 야간 산책 시 안전 조치: 야간 산책 시 반사 조끼나 빛나는 목줄을 사용하여 반려동물의 가시성을 높인다.

18. 무리한 운동 금지: 반려동물의 나이나 건강 상태에 부담을 주지 않는 적절한 운동량을 유지한다.

19. 공공장소에서의 예절: 공원이나 공공장소에서 다른 이용자에게 방해가 되지 않도록 반려동물을 관리한다.

20. 장난감 및 놀이 관리: 다른 반려동물이나 사람에게 위협적이지 않은 장난감으로 산책 중 놀이를 한다.

21. 먹이 주기 금지: 산책 중에는 반려동물에게 길가의 음식이나 낯선 사람이 주는 간식을 먹이지 않는다.

22. 보호자의 주의 집중: 산책 중에는 항상 반려동물을 주시하고, 주변 환경에 주의를 기울인다.

23. 적절한 반응 훈련: 반려동물이 다른 동물이나 사람을 만났을 때 적절하게 반응하도록 훈련한다.

24. 비상 상황 대비 훈련: 비상 상황 발생 시 반려동물이 어떻게 행동해야 하는지 미리 훈련시킨다.

25. 피부와 발 관리: 산책 후 반려동물의 피부와 발을 체크하여 상처나 이물질이 없는지 확인한다.

26. 과열 및 탈수 예방: 더운 날씨에는 반려동물이 과열되거나 탈수되지 않도록 주의한다.

27. 냉각 도구 사용: 필요한 경우 냉각 목걸이나 냉각 매트를 사용하여 반려동물이 시원하게 유지될 수 있도록 한다.

28. 교통 수단 이용 시 주의: 대중교통을 이용할 때는 반려동물이 다른 승객에게 불편을 주지 않는다.

29. 산책 경로 다양화: 반려동물이 지루함을 느끼지 않도록 다양한 산책 경로를 선택한다.

30. 야생동물 보호: 산책 중 야생동물을 해치지 않도록 반려동물을 관리한다.

산책은 반려동물에게 매우 중요한 활동이다. 위의 펫티켓을 준수하여 반려동물과의 산책이 모두에게 즐거운 경험이 될 수 있도록 한다.

당신의 강아지는
건강한가요?

새벽 5시에 정신이 깨기도 전에 일어나 수액을 준비한다.

그러고는 세심하게 먼저 반려견의 상태를 살핀다. 꼬박 2년째 아침과 저녁으로 이어 오는 일상이다. 밤새 컨디션은 어떤지, 소변은 잘 누었는지, 대변은 잘 누었는지, 밥은 잘 먹을지, 밤새 눈에 띄게 나빠진 건 없는지, 수치 체크를 하며 매번 불안과 초조를 넘나들며 내 정신은 오직 아이에게 집중될 뿐이다.

단 하나라도 어제와 다른 모습이 보이면 오만가지 생각이 든다. 수액을 매일 맞아야 하는 반려견의 등에는 언제나 주삿바늘이 꽂혀 있다. 강아지들이 제일 좋아하는 뒹굴지도 못하고 이불 속에 들어와 잠들기를 좋아하던 아이는 이제 이불에는 주삿바늘이 걸리지는 않을까, 일상생활 중에는 위험하지는 않을까 노심초사하는 마음뿐이다.

예약된 날짜에 병원을 방문하는 것이 두렵다. 먹어야 하는 약은 왜 이렇게 많은지, 조절해야 하는 식단과 음식도 수만 가지, 병원비도 만만치 않다.

아이가 아파지고 나서부터 집 안에 모든 분위기뿐만 아니라 주 보호자의 인생이 바뀌기도 한다. 모든 일상이 아픈 반려견에게 집중되며 나의 일상은 없어진다. 그리고 많은 감정이 교차한다. 끝까지 할 수 있을 때까지 책임져야 하는 마음, 지치는 마음, 왜 우리 아이만 이렇게 아플까? 하는 원망 등 하루하루 쉽지 않은 변화의 연속이다. 그럼에도 나를 바라보는 아이의 눈빛만으로도 피곤을 가신다.

위 이야기는 실제 신부전증을 앓고 있는 반려견을 관리하는 보호자의 이야기다. 그리고 병을 앓고 있는 반려견과 살아가는 보호자들의 이야기이기도 하다. 실제로 반려견이 아프다는 것은 꽤 큰 인생의 변화를 불러온다. 집 안에 아픈 사람이 있다는 것과 매우 흡사하다고 봐도 무방하다. 하나부터 열까지 모든 것들을 신경 써야 하고, 관리해 줘야 하며, 집 안의 분위기도 좋지 않다. 어제까지 잘 놀고 잘 먹던 아이가 하루아침에 큰 병을 앓게 된다는 것은 매우 가슴 아픈 일이다. 실제로 몇 번의 큰 병을 앓던 반려견과 살아 보고 무지개다리까지 건너는 모습을 옆에서 지켜보며 아픈 강아지와 살아간다는 것이 얼마나 힘들고 쉽지 않은 일이라는 것도 잘 안다.

반려견을 데리고 온다는 것, 보호자가 된다는 것은 어쩌면 나를 더 성숙하고 책임감 있는 사람으로 만드는 일일지도 모른다. 말하지 못하는 반려동물은 언제나 세심한 관찰과 관리가 필요하다.

반려동물의 특성상 아이는 아프거나 자신의 컨디션이 좋지 않으면 특정 행동을 하기 마련이다. 밥을 먹지 않는다거나, 구석진 공간에 자꾸만 숨거나, 눈에 초점이 흐려지거나, 종일 자거나 하는 등의 평상시에 잘 하지 않던 행동들이 분명히 있을 것이다.

단순히 컨디션이 좋지 않겠거니 넘겨짚기보다는 이러한 행동이 며칠씩 이어진다면 병원으로 데려가 검진을 받아 보길 바란다. 그리고 나이가 들어감에 따라 주기적인 관찰과 검진을 받아야 한다. 세심한 관찰과 관리만이 건강한 반려 생활을 이어갈 수 있으며, 나와의 추억도 더 많이 만들어 갈 수 있다.

그리고 응원한다. 대한민국의 모든 아픈 반려견과 함께 살아가는 보호자를.

분명 당신이 노력하고 고민하고 사랑하는 만큼 아픈 반려견도 쾌차할 것을!

생명 존중

최근 생명 존중 프로그램이 지자체, 청소년 관련 수련관, 학교 등에서 각광을 받고 있으며 전국적으로 확대될 예정이다. 필자 역시 다양한 기관 등에서 프로그램을 진행하고 많은 청소년을 만나고 있다. 보통 특강을 위해 학교에 찾아가면, 실제 강아지가 학교로 찾아온다는 것에 대해 일부 선생님과 학생들은 매우 놀라워한다. 나 역시 강아지와 함께하는 프로그램이 청소년 친구들에게 이렇게 인기가 많을 수도 있구나!

하며 놀라는 경우가 많다.

처음 프로그램을 기획하고 운영하면서 생명 존중 특강이 필요할까? 이러한 인식들이 친구들에게 얼마나 도움이 되며, 반려동물 문화에 주는 영향이 있겠냐는 등 다양한 고민도 들고 의구심도 있었다.

한 번은 학교 강연에서 예상 밖의 일을 겪었다. 흰둥이와 강의가 진행될 해당 층에 올라가자, 흰둥이가 귀엽다는 반응과 함께 멀리에서 한 친구가 이렇게 외쳤다.

"와, 개고기다!"

그 순간 '아, 반려견에 대한 인식 개선 교육이 중요하고 필요하겠구나…' 하는 생각이 들었다. 청소년 시기에 아무 생각 없이 내뱉을 수 있는 말이겠지만, 누군가에게는 엄청난 상처로 다가갈 수 있는 말이었다. 강아지에 대한 그릇된 인식을 조금이나마 바꿔줄 수 있다면, 내가 시간을 내어 메시지를 전달해 주는 게 맞겠다는 생각이 들었다.

유아 때부터 생명 존중을 인지하고, 작은 생명을 소중하게 여기고 함께 살아간다는 것을 알려 주는 것이 선택이 아닌 필수가 되어 버린 시대인 것은 분명하다. 학원을 가면서, 집에 가면서, 친구들과 어울리면서도, 너무나도 쉽게 주변에 반려동물을 만나는 청소년 친구들에게 작은 생명 존중을 어떻게 해야 하며, 공존하고 살아가는지에 대해 잘 알려 줘야 한다. 유아기 때부터 강아지와 살아가는 아이들은 동물에 대해 소중히 다루는 방법을 이해하고 몸으로 체득하게 된다.

실제 내 조카의 경우 그렇다. 누나도 끔찍이 강아지를 좋아하다 보니 조카와 함께 자란 반려견이 있다. 아직 초등학생인 조카는 강아지를 보면 먼저 다가가는 예절을 지킨다. 강아지가 놀라지 않게 천천히 다가간다든지, 강아지가 본인의 냄새를 먼저 맡아 긴장을 낮추게 한다든지 올바른 매너를 지키려고 노력한다. 그뿐만 아니라 자신이 지켜 주고 함께 살아가는 존재라고 인지하고 있는 것 같다. 이런 모습을 보고 있으면 참으로 대견하다.

반려인들이 이러한 부분을 인지하고 기회가 되었을 때 비반려인인 조카, 가족, 지인들에게 알려 주는 것은 꽤 의미 있는 행위라 생각한다. 나와 반려견이 함께하는 것에 대한 의미를 이야기해 주고, 강아지에게 다가가는 예절, 반응을 살피는 방법, 함께 살아가는 존재라는 인지 등을 기회가 닿을 때마다 알려 주고 이야기해 주는 건 작은 행위이지만 분명 그 나비효과는 클 것이라 확신한다.

> ▶ 반려견에게 다가가는 예절 방법
> 1. 반려견에게 다가가면서 먼저 보호자에게 만져 봐도 되는지 묻는다. 이때 입질이 있거나, 교육 중이거나, 컨디션이 좋지 않다면 허락을 하지 않을 것이고, 허락한다면 다가가고 만져 봐도 된다.

2. 반려견에게 다가갈 때 정면으로 간다면 공격적인 느낌을 받을 수 있으므로 몸은 살짝 45도 정도 튼 다음 손을 먼저 내밀어 냄새를 맡게 해 준다. 강아지가 냄새를 맡는 행위는 그 사람에 대한 정보를 취득하는 행위라고 인지하면 될 것이다. 사람으로 치면 악수를 하는 것과 같다.

3. 이때 손바닥보다는 손등을 맡게 해 주며, 어린아이들은 보호자가 손을 움켜쥔 상태로 냄새를 맡게 해 준다.

4. 냄새를 맡는다면 잠시 기다린 뒤 반응을 살핀 후 천천히 머리와 먼 곳부터 쓰다듬어 주면 된다.

■ 비반려인이 알아두면 좋은 팁

1. 타인의 반려견의 눈을 계속 바라본다면 강아지 입장에서는 공격의 신호로 받아들여질 수 있다.

2. 타인의 반려견에게 다가가거나, 만지기 전에는 보호자의 동의를 먼저 구해야 한다.

  예) 반려견에게 다가가 봐도 될까요?

     반려견을 만져 봐도 될까요?

3. 타인의 반려견에게 보호자의 동의 없이 먹이를 주면 안 된다.

4. 타인의 반려견에게 갑자기 다가가거나 소리를 지르면 안 된다.

5. 누군가에게 소중한 존재일 수 있는 반려동물에게 불쾌한 언행을 삼가야 한다.

반려동물이 보호자에게 바라는 10가지

1. 제 수명은 10년에서 15년 정도밖에 되지 않습니다. 어떤 시간이라도 당신과 따로 떨어져 있는 것은 슬픈 일입니다. 저를 입양하기 전에 꼭 그것을 생각해 주세요.

2. 제가 당신이 바라는 것을 이해하기까지는 시간이 필요합니다.

3. 저를 믿어 주세요. 그것만으로 저는 행복합니다.

4. 저를 오랫동안 혼내거나, 벌주려고 가두지 말아 주

세요. 당신에게는 일이나 취미가 있고, 친구도 있으시겠죠. 하지만 저에게는 당신밖에 없습니다.

5. 가끔은 저에게 말을 걸어 주세요. 제게 말을 건네는 당신의 목소리는 알 수 있습니다.

6. 당신이 저를 함부로 다루고 있지는 않은지 가끔 생각해 주세요. 저는 당신의 그런 마음을 절대 잊지 않을 것입니다.

7. 저를 때리기 전에 생각해 주세요. 제게는 당신을 쉽게 상처 입힐 수 있는 날카로운 이빨이 있지만 저는 당신을 물지 않으리라는 것을 말입니다.

8. 제 행동을 보고 '고집이 세다. 나쁜 녀석이다'라고 하기 전에 왜 그랬을까를 먼저 생각해 주세요. 무엇을 잘못 먹은 건 아닌지, 너무 오래 혼자 둔 건 아닌지, 나이가 들어 약해진 건 아닌지….

9. 제가 늙어도 돌봐 주세요. 당신과 함께 나이 든 것입니다.

10. 제게 죽음이 다가올 때, 제 곁에서 지켜봐 주세요. 제가 죽어가는 것을 보기 힘들다거나, 제가 없이 어떻게 사냐고는 제발 말하지 말아 주세요. 그리고…. 그저 잊지만 말아 주세요. 제가 당신을 사랑하고 있다는 것을요….

출처가 어디인지는 알 수 없으나, 보통 동물병원 약봉투 뒤에 많이 보이는 글귀다.

많은 생각이 드는 글이다.

강아지 vs 고양이

한때 SNS 이런 이야기가 화재였다. "강아지는 내가 평생을 관리해 줘야 하는 존재이고, 고양이는 집사를 관리한다." 여기서 집사는 고양이와 살아가는 보호자를 뜻한다. 그만큼 고양이는 강아지와 비교하면 크게 손이 가지 않는다. 크게 손이 가지 않는다고 사랑을 주지 않아서는 안 되며 예방 접종, 건강 관리 등 꾸준한 돌봄과 보살핌은 당연히 필요하다.

물과 밥, 쉴 수 있는 공간, 장난감, 고양이 전용 모래가 깔린 화장실을 만들어 주면 너무 잘 큰다. 요즘은 캣휠 또는 고양이 행동 풍부화 용품 등이 시중에 잘 나와 있어 공간에 배치해 두면 고양이들이 신나게 좋아한다. 한 번씩 보고 있으면 마치 "나 너무 잘 뛰지?"라고 보란듯이 캣휠을 달리고 논다. 이럴 때마다 사준 보람을 느끼며 뿌듯하다.

우려스러운 부분도 있는데, 간혹 인터넷상 산책하는 고양이를 접하며 많은 집사가 우리 반려묘도 함께 산책한다면 얼마나 좋겠냐는 상상을 펼치기도 한다. 고양이는 영역 동물이다.

자신이 접하는 환경이 낯설수록 심리적으로 큰 불안감을 느낄 수 있으며, 혹여라도 리드 줄을 놓치게 된다면 강아지와는 달리 찾을 확률이 희박해진다. 실제로 고양이가 유기되었을 때 찾을 수 있는 확률을 3일로 보고 있다. 3일 안에는 그 주변 반경을 크게 벗어나지 않는다는 점이다.

필자의 경험을 풀어 보자면, 막내 밤이라는 녀석이 테라스로 나가는 조그마한 공간을 귀신같이 알아내고 밖으로 나간 적이 있다. 그날은 손에 아무것도 잡히지 않고 온종일 밤이를 찾는데 시간을 쏟은 것 같다. 찾다 찾다 보니 바로 옆 주택가 공간에 숨어 있는 녀석을 찾아 근처로 가 불러봤지만, 겁을 먹은 것인지 아무리 불러도 나오지 않았다. 고양이 포획 틀 안에 냄새가 멀리 퍼질 수 있는 통조림 간식을 넣어 두어 겨우 잡았던 기억이 있다. 평상시 대범한 고양이라 할지라도 이러한 환경을 맞닥뜨리면 예민해지고 주변 경계가 매우 심해진다.

나부라는 녀석은 한때 집을 나갔다가 들어오는 걸 취미 삼아 즐겼다. 고양이는 손을 잘 쓴다는 점을 절대 잊어서는 안 된다. 창문이 잠겨 있지 않은 것을 어떻게 알았는지 스스로 창문을 열고 나갔다가 몇 시간 만에 다시 들어오곤 했다. 몇 번이나 이러한 상황이 반복되니 큰 신경을 쓰지 않았던 것 같다. 우리는 이것을 보고 외출이라고 표현하긴 했지만, 집고양이가 밖을 나가게 되면 위험한 상황에 많이 노출될 수 있어, 그 후로는 창문 안전장치를 모두 걸어 고양이 스스로 열지 못하게 창문을 막아 놓곤 한다.

고양이와 살아가다 보면 창문을 스스로 열기도 하고, 닫혀 있는 문을 열고 들어가기도 한다. 이러한 것들은 집사가 예방하면 된다. 인터넷에 '고양이 창문 안전장치'라는 것을 검색해 보고 꼭 갖춰 놓길 바란다.

고양이와 함께 살아가기 전 고양이를 굉장히 무서워했던 기억이 있다. 그때는 고양이의 눈이 너무 무서웠고 다가가는 것 또한 두려움이 컸다. 그러나 함께 살아가며 고양이 매력에 빠진 지금은 예찬론자가 되어 버렸다. 심지어 고양이 알레르기도 가지고 있다. 한 번씩 알레르기가 너무 심하게 올라와 검사를 받아 보니 고양이 알레르기 진단을 받았다. 알레르기를 없애는 방법은 너무 간단하다. 고양이를 멀리하면 된다지만, 지금 와서 어떻게 이 방법을 실천할 수 있겠는가.

놀라운 사실은 주변 반려견, 반려묘와 살아가는 보호자 중 이렇게 알레르기가 있는 분들이 많이 있다. 그럼 어떻게 하나? 간단하다. 약을 항상 갖춰 놓고 한 번씩 올라오면 먹으며 살아간다. 만약 아직 반려동물과 살아가기 전이라면 미리 검사를 해 보는 것을 추천한다. 심한 날은 생각보다 고통스럽다.

고양이 교육에 관해 필자가 실천한 한 가지가 있는데, 바로 하우스 교육이다. 방법은 간단하다. 강아지와 마찬가지로 간식을 통한 하우스 교육을 진행했다. 안으로 던져 주며 들어갈 때 칭찬, 나올 때 다시 들어갈 수 있게 간식을 던져 반복 교육을 하며 익숙해질 때쯤 명령어로 하우스를 알려 줬다. 그중 막내 밤이는 생각보다 너무 잘 따라왔다. 하우스 교육을 하는 이유는 간단하다. 혹시라도 일어나면 안 되겠지만 집에 어떠한 이슈가 발생되어 일분일초가 급한 상황이라면 고양이가 놀라 구석으로 숨어 버리면 찾거나 데리고 나오는 경우에 어려움을 느낄 수 있다. 이럴 때 바로 '하우스 교육'이 잘 되어 있는 고양이라면 바로 이동 케이스에 넣어 데리고 나올 수 있다. 또한, 병원을 가거나 이동할 때도 하우스 교육이 잘되어 있다면 큰 도움이 된다.

우선 시기별로 필요한 교육이 무엇인지 생각해 보자. 퍼피, 어덜트, 산책 예절, 기본 교육 등 각 연령과 상황에 맞는 교육이 있다. 보호자 스스로 고민하고 인지해야 하며, 강아지에게 알려 주고 공부해야 한다. 함께 성장하는 관계라 생각하면 쉬울 듯하다. 정말 아이를 키우듯 끊임없이 고민하고 관리하며 살아가야 할지도 모른다. 반려동물과 함께 살아가기 전 끊임없이 강아지를 만나 보고 나와 잘 맞을 수 있는지를 진지하게 고민해 보는 작업이 필요하다는 것이다.

그렇다면 강아지와 고양이가 함께 살아가는 것은

어쩌냐는 생각을 하고 계신 분들도 많다.

각 아이의 성향이나 기질 환경에 따라 다를 수 있겠지만, 필자 집의 경우 두 종이 서로에게 관심이 없다. 강아지, 고양이 각각 한 마리씩이라면 모르겠지만 정말이지 서로에게 관심이 1도 없다. 강아지라면 고양이와의 반응은 어떤지, 한 공간에서의 함께 있을 때 행동은 어떤지 등을 사전에 관찰해야 한다. 단시간을 두기보다는 긴 호흡을 갖고 관찰해 보길 추천하며, 생각보다 잘되지 않아 어려움을 안고 계신 분들이 많으니 꼭 서로에 대한 관찰을 통해 결정하길 바란다.

■ 반려묘에게 보살핌을 받는 집사의 상식

✚ 알아 두면 좋은 고양이의 행동과 소리 언어

- 가르릉 거리기: 주로 만족스럽거나 안정감을 느낄 때 내는 소리다.
- 발정음: 단독 생활을 하는 고양이가 짝을 찾기 위해 내는 소리로 아기가 우는소리와 유사하다. 발정음을 내는 것은 고양이의 정상적 행동이며, 중성화 수술을 하면 바로 사라지기도 한다.
- 높은 곳을 좋아하는 고양이: 높은 곳에서 주변을 관찰하며 안정감을 느낀다.

- 배설물 숨기기: 배설물 숨기기를 통해 위생도 지키며, 경쟁자로부터 자신을 보호한다.
- 부비기, 꼬리 수직 들기: 싸울 필요가 없는 동료에게 호의를 나타내는 신체 언어이다.
- 은신처: 고양이는 자신이 은신처라고 생각하는 곳에 조용히 숨어 스트레스를 해소하거나 쉰다.
- 꾹꾹이: 부드럽고 푹신한 이불 등에 앞발을 번갈아 가며 주무르는 행동이다.
- 츕츕: 엄마 젖을 빨던 기억을 떠올리고 이불처럼 부드러운 것을 입으로 빠는 행동이다.
- 하악질: 위협을 느꼈거나 상대방을 공격하기 전에 가까이 오지 말라는 경고를 하는 행동이다.
- 우다다: 화장실에서 볼일을 본 후, 깜짝 놀라거나 밤중에 뛰는 행동으로 사냥 본능이 뜀박질 형태로 나타나거나, 쌓인 에너지나 스트레스를 해소하기 위한 행동이다.

✚ 고양이를 만나기 전 기본 용품 준비하기

- 사료: 처음 만나기 전에는 가장 보편적인 사료를 준비한 후 강아지와 마찬가지로 다양한 사료들이 있어 자신의 고양이에 맞는 사료를 준비하면 된다.
- 화장실과 모래: 그루밍(자기 몸을 핥는 것)하는 고양이의 건강을 생각하여 좋은 모래를 선택하는 것을 추천한다. 고양이는 스스로 그루밍을 통해 관리하는 동물이다.
- 스크래치: 고양이는 발톱이 여러 겹으로 되어 있어 바깥쪽의 발톱이 벗겨지면서 날카로움을 유지한다. 스크래치는 발톱을 날카롭게 유지하려는 고양이의 성향을 충족시켜 준다고 한다.
- 이동장: 고양이는 환경 변화에 민감해 늘 탈출 우려가 있다. 천으로 된 이동장보다는 플라스틱으로 된 이동장 선택을 추천하며, 이동할 때는 천으로 바깥 면을 가려 주는 것이 좋다.

✚ 고양이의 주요 질병과 증상

- 허피스: 식욕 부진, 발열, 우울감, 궤양성 비염, 결막염, 과다한 눈곱 등
- 칼리시: 재채기, 콧물, 식욕 부진, 구강궤양, 발열, 과도한 침 분비, 탈수 등
- 전염성 복막염: 무력감, 발열, 식욕 부진, 체중 감소, 복부팽만, 흉수 등
- 고양이 백혈병: 호흡 곤란, 무력감, 식욕 부진, 체중 감소, 발열, 치은염, 구내염 농양 등
- 신부전(급성): 급성 질소혈증, 핍뇨 또는 무뇨

반려견 박람회, 이것만은 꼭 지키자

2024년도 1월 기준, 올해 공식적인 반려견 박람회는 33개로 매달 평균 3~4개씩 진행이 되는 셈이다. 비공식적으로 열리는 박람회와 관련 문화 축제 현장에서 새로운 제품이나 박람회 형태의 부스들이 만들어지는 것까지 포함한다면 족히 100개는 넘을 것이다.

반려견 박람회 현장은 새로운 트렌드를 만나 보고 제품, 문화, 이벤트 등을 접할 수 있으며, 특별 할인된 가격으로 제품을 만나 볼 수 있기 때문에 많은 보호자의 선택을 받고 있다. 개인적으로 박람회 현장은 보호자들에게 꼭 한 번쯤 다녀오길 추천하기도 한다. 입장객 수도 많고 반려견이 함께 가는 현장이므로 지켜야 하는 펫티켓도 반드시 인지해야 한다.

반려견 박람회 현장마다 공지하는 꼭 지켜 줘야 하는 규정이 있기도 하고, 그렇지 않다면 암묵적으로 우리가 지켜야 하는 규칙을 지켜 줘야 한다. 리드 줄, 유모차는 필수로 챙겨야 한다. 반려견의 처지에서 현장은 굉장히 복잡하고 어려운 공간일 수밖에 없다. 보이는 시야는 곳곳이 막혀 있고, 관람객이 많아 걷는 것이 어려울 수 있으며, 자극을 유발하는 냄새들이 상당하다. 박람회 현장이 반려견에게는 미끄러울 수도 있다. 계속해서 미끄러워지거나 쓸리다 보면 관절에도 좋지 않을 수 있으니 박람회 현장을 방문하고자 한다면 발바닥 털을 관리해 주는 것도 필요하다.

리드 줄을 맨 상태로 걷는다면 평상시 공원 등에서

의 산책하는 것처럼 걷는 것이 아닌 아이를 잘 살피며 걸을 수 있어야 한다. 제품이나 물품 등에 관심이 쏠려 줄이 꼬일 수도 있고, 옆에서 걷는 타인의 반려견과 마찰이 생길 수도 있다. 공간이 좁거나 통로가 좁은 곳에서의 반려견은 더욱 예민할 수밖에 없으며, 혹 우리 반려견이 다른 친구들에게 반응이 강한 친구라면 사고로 이어질 확률은 더 높다. 실제로 반려견 박람회 현장에서 이러한 사고를 종종 목격한다.

둘째는 대·소변에 신경을 써야 한다. 모두가 그렇지는 않지만, 자신의 반려견이 누군가의 제품이 놓여 있는 부스에서의 마킹을 한다면 대단한 실례다. 여기서 자신의 반려견이 마킹한 것에 대해 인지를 하고 양해를 구한 뒤 잘 처리하는 보호자가 있는가 하면, 분명히 인지를 했음에도 그냥 아이를 데리고 그 자리를 떠나는 보호자도 있다.

문제는 이제 이 장소는 다른 반려견들의 화장실이

되는 것이다. 반려견 박람회 현장이라고 해서 대·소변을 아무 곳이나 누게 하게 하는 것은 올바르지 않다. 보호자는 자신의 반려견을 잘 바라보며 아이가 대·소변을 누기 전 행동이 보인다면 그 자리를 빠르게 피하거나, 줄을 살짝 당겨 아이에게 하지 못하게 해야 한다. 아이가 누차 행동을 보인다면 주변 반려견 화장실을 이용하거나, 잠시 야외에 나가 해결을 한 후 다시 박람회를 관람하는 것이 맞다. 박람회 현장에서의 펫티켓인 셈이다. 혹 마킹을 자주 한다면 기저귀 착용을 추천한다.

셋째는 현장 스텝들의 통제를 잘 따라 줘야 한다. 현장에서는 이벤트가 진행되거나 반려견과 함께하는 행사들이 이루어지기도 한다. 이러한 시간이 운영될 때는 짧은 시간에 수많은 인파가 몰려 주변이 혼잡스러워지기도 한다. 특히 강아지와 함께하므로 현장에 복잡함은 배가 될 수밖에 없다. 무척이나 복잡한 상황에서 예민한 강아지들은 더 예민해질 수밖에 없다.

현장의 이벤트는 상황에 따라 다르겠지만, 될 수 있으면 참여하고자 하는 모든 반려인들에게 참여할 수 있게 만들려고 할 것이다. 스텝들은 현장에서의 안전한 진행을 위한 규정을 만들어 참가자들에게 전달하는데, 이것이 현장에서 무너진다면 안전사고로 이어질 수 있으며 원활한 행사 진행이 어렵다.

정리해 보자면, 박람회 현장마다 규정을 인지하고 잘 지키며, 리드 줄, 유모차 가방을 꼭 챙겨 자신의 반려견의 컨디션을 잘 파악하자. 대·소변을 아무렇게나 보게 하는 것이 아닌 정해진 장소를 지키고, 현장 스텝들의 통제를 잘 따라 만족스러운 제품을 만나고 구매하기 바란다.

반려견 관련
직업을 꿈꾸세요?

자신의 반려견과 함께 온종일 있다는 것은 반려인이라면 누구나 한 번쯤 상상해 봤을 행복한 모습이다. 실제로 주변에서도 다니던 직장을 그만두고 관련 사업을 문의해 오거나 직업을 갖고 싶다는 분들이 많다.

"과연 반려견과 온종일 함께하는 일을 직업으로
삼는다면 마냥 행복한 일이 될 수 있을까?"

　취미가 곧 직업이 되는 순간 가진 환상들이 깨지기 마련이다. 그리고 고민해 봐야 할 것 중 과연 내가 우리 반려견만을 좋아하는 것은 아닌지 진지하게 고민해 볼 필요가 있다.

　보호자와의 가장 가까운 거리에서 많은 것들을 보고 듣고 느끼며, 다양한 관련 대표님들과의 대화를 통해 업계에 보이지 않은 부분들을 많이 듣고 있다.

　관련 업종을 직업으로 삼고 싶다는 분들에게 가장 먼저 되묻는 것이 있다. 진심으로 강아지를 좋아하는지, 얼마나 이 분야에 시간을 투자할 것이며 매진할 수 있을지….

　시장이 커진다고 하나 냉정하게 시장을 들여다볼 필요가 있다. 관련 제품, 소위 말하는 유통 관련 전체 시장을 바라보았을 때 대기업의 제품들이 주를 이루고 있다 보니 소상공인들이 들어왔을 때는 자신의 제품을 알리기 위해 다양한 고민과 노력을 해야 한다.

반려인들이 자신이 먹이던 제품을 다른 제품으로 바꾼다는 것은 생각보다 복잡한 일이 아닐 수 없다.

주변에 흔히 보이는 수제 간식 가게의 폐업률을 한 번 유심히 관찰해 보자. 수제 간식은 누구나 손쉽게 배워 창업할 수 있다. 요리법이나 간식을 만드는 것이 자신이 직접 연구하지 않는다면 조금의 노력을 통해 만들 수 있다.

실제로 필자도 촬영차 몇 번 만들어 보았는데, 쉬운 간식일 경우 큰 어려움이 없었던 기억이 있다. 이러하다 보니 그만큼 문턱이 낮기도 하고, 학원에 다니며 배우다가 보통 두 달쯤 되었을 때 바로 장사 오픈을 준비한다고 한다. 제2의 직업으로 쉽게 생각하고 들어오는 만큼 예상치 못했던 변수들을 만나고, 생각했던 것보다 매출이 나오지 못하니 자연스럽게 지치기 마련이다.

미용을 예로 들여다보자. 제2의 직업을 고민하며

미용을 배워 본다. 생각보다 적성에도 잘 맞는 것도 같고 배우는 재미도 제법 있다. 조금만 더 배우고 노력하면 나도 조그마한 가게 하나 차려 다양한 아이들을 만나고 수익도 제법 나쁘지 않을 것 같은 행복한 상상을 한다.

그러다 수습 시간을 거치며 실전을 마주한다.

필드에 나오니 생각보다 다양한 강아지와 보호자가 있었다. 입질이 있기도 하고, 미용하는 내내 집중하지 못하는 강아지, 예민한 보호자, 보호자가 생각했던 미용이 나오지 않아 클레임을 거는 보호자, 제때 챙겨 먹지 못하는 식사는 허다한 일이다. 처음 생각했던 환상은 이미 물거품이 되어 버린 지 오래다.

나와 종일 있기로 했던 반려견은 미용실 한쪽에 자리만 잡고 있는 일상은 이제 하루 이틀이 아니게 되어 버렸다.

위의 예들이 너무 극단적으로 느낄 수 있으나 현실

이다. 이 업계에 자리를 잡고 자신만의 브랜드를 구축한 대표님들은 최소 5년에서 10년 이상의 커리어를 갖고 진심으로 강아지를 사랑하며 묵묵히 한 길을 걸어오신 분들이다. 단순히 강아지와 함께 있는 것이 환상으로 보이고 나도 저렇게 되고 싶다는 마음으로 들어와서는 절대 성공할 수 없는 업계 중 하나가 아닐까 싶다.

관련 직업을 고민하고자 한다면, 우선시되어야 하는 것은 내가 마음에서 '진심'으로 강아지를 좋아하고 있는지 먼저 관찰해 볼 필요가 있다. 개인적으로 감사한 것 중 하나는 필자와 함께 관련 일들을 만들어 가는 분들은 '진심'으로 강아지를 좋아하는 분들이 많이 계신다.

이건 어떻게 표현할 수가 없다. 그냥 느껴진다. 이 사람 이 강아지를 진심으로 좋아하고 있는지 좋아하는 '척'을 하고 있는지. 그리고 더 냉정하고 무서운 것은 보호자 또는 우리에게 무엇인가 서비스를 받고자 하는 분들은 이 부분을 단번에 알아차린다는 것이다.

내가 강아지를 진심으로 좋아해 수제 간식 가게를 오픈하게 된다면, 오는 아이들의 성향과 기질, 운동량에 따른 간식 추천도 할 수 있을 것이며, 특별한 날에 어떻게 하면 더욱 특별한 간식 또는 이벤트를 진행할지를 고민하고 있을 것이다.

미용을 배우고 있다면, 아이들을 더 부드럽게 다룰 수 있는 기술을 배우기 위해 노력할 것이며, 보호자와의 더 깊은 대화를 통해 보호자가 원하는 미용을 진행할 수 있도록 고민하고 있을지도 모른다. 단순히 돈으로만 보는 것이 아닌 강아지를 있는 그대로 바라보고 이해하려는 자세, 그리고 보호자를 감동하게 할 수 있는 것이 무엇인지를 고민하지 않을까 싶은 것이다.

유치원을 운영하며 느끼는 것은, 반려동물은 이제 동물 그 이상의 의미가 있으며, 보호자들은 자신의 반려견이 어떠한 특별한 수업을 하고 있다는 것에 굉장한 감동을 한다. 예를 들면, 어버이날 강아지 발 도장을 찍어 편지를 제작하는 수업이 있었다. 피드백이 매우 컸던 수업 중 하나로 기억이 남는다.

자, 다시 관련 직업을 고민하고 있다면 스스로 질문해 보자.

나는 진심으로 강아지를 좋아하고 있는가?

이 분야에 얼마나 많은 시간을 투자할 것이며, 매진할 수 있을까?

진심으로 강아지를 사랑하는 많은 전문가가 업계에 들어와 더 많은 전문가와 함께 일을 할 수 있길 기원해 본다.

▶ 반려견 관련 산업에 대한 영상 추천

울산 중앙방송 JCN 서도현 PD의 유튜브 '견센티브'를 한번 시청해 보길 추천한다. 산업에 대한 이해와 반려동물 산업을 통해 개인과 사회의 긍정적인 어떠한 효과를 받을 수 있을지에 대한 설명이 아주 쉽게 잘 풀어진 영상이다.

▶ 필자가 추천하는 '감동' 받는 수제 간식 가게*

상호: 마시찌멍

경기도 성남시 수정구 위례 광장로 36, 4B 122호 (4단지 B 상가)

자매가 운영하는 수제 간식 가게로 많은 보호자들이 선택한 가게이다.

끊임없이 고민하고 보호자들에게 감동을 주는 집으로 유명하며, 수제 간식을 오픈하고자 하는 분들에게 벤치마킹하러 오는 곳으로 유명하다. 제품 개발부터 이벤트 케이크까지 차별화를 두며 '마시찌멍'이라는 브랜드를 굳건히 만들어가는 가게이다.

instagram.com/masijji_mung

반려견과 여행하기

반려견과 살아가는 모든 보호자가 가지고 있는 환상, 그것은 반려견과 함께 떠나는 여행이다. 반려견과 함께 차를 타고, 멋진 풍경을 보며, 처음 가 보는 곳에서 잠도 자며, 멋진 추억 사진도 많이 남기고 SNS에 올려 자랑하는 환상….

상상해 보자. 내일 모든 가족과 반려견이 처음으로 함께 떠나는 제주도 여행이다. 얼마나 설레는가? 반려견은 지금 내 심정을 알지 못해도 나는 이미 여행

내내 반려견과 뭘 먹고, 뭘 하며, 어떤 추억을 만들지에 대해 이미 모든 계획을 다 짰고, 숙박 시설 또한 반려견이 함께 들어갈 수 있는 동반 숙소로 모든 장소를 알아보고 예약까지 다 해 두었다.

드디어 당일, 어제 미리 싸 놓은 짐들 덕분에 수월하게 여행 첫출발이 될 것 같다. 공항으로 가기 위해 짐을 하나둘씩 챙기고 가족들 그리고 반려견이 모두 차에 탔다. 오늘따라 왠지 조금은 더 끙끙대는 것 같다. 얘도 기분이 좋아서 그런가보다 싶다.

공항에 도착했다. 평상시 마주하지 못했던 반응들이 나온다. 짖기도 하고 끙끙거림도 더 심해진 것 같고, 흥분의 도가 매우 높아져 통제까지 되지 않는다. 이대로 비행기를 타면 왠지 더 극심한 스트레스가 생길 것 같고 트라우마까지 올 것 같다. 주변 시선이 따갑다. 가족들 모두 발만 둥둥 구르고 있다.

실제 있었던 일이다. 그래서 이 보호자님은 유치원

에 SOS를 보냈고, 원장님이 직접 공항까지 가서 반려견을 데리고 왔다. 그리고 이 아이는 함께 여행을 가지 못하고 호텔에 맡겨져 보호자가 여행을 끝나고 돌아올 때까지 우리와 함께했다.

대한민국은 현재 '펫 프렌들리(Pet Friendly)'라는 이름으로 전국에 다양한 반려견 동반 공간과 반려견과 함께 즐길 수 있는 다양한 여행 테마가 존재한다. 여기서 '펫 프렌들리'란 반려동물 친화 또는 반려견과 함께할 수 있는 공간 정도로 인지하면 될 것이다.

지자체, 기관, 기업 가릴 것 없이 다양한 반려동반 공간이 탄생하고 프로젝트가 생겨나고 있는 것이다. 향후 점점 더 확대됨은 물론이고 섬세해질 것으로 보인다. 2027년에는 6조 원대까지 커질 것으로 전망한다는 기사들도 나오고 있다. 1박에 70만 원까지 하는 반려동반 숙소는 성수기에는 2~3개월 전 모두 예약이 마감될 정도라고 한다.

앞으로도 점점 더 반려견 동반 여행 인구는 많아질 것이며, 보호자들의 로망을 현실로 만들기 위해 오늘도 반려동반 여행지를 찾아보고 계획할 것이다. 반려동물과 함께 떠나는 여행은 기본적으로 비반려인이 있는 공간이기도 할 것이며, 다양한 형태로 많은 자극이 반려견을 어렵게 할 수도 있다는 전제를 미리 생각해야 한다.

어렵다고 느낄 필요도 없고 미리 겁먹을 필요도 없다. 우린 사랑하는 존재와 함께해야 하지 않는가? 평상시 미리 인지하고 습관화된다면 행복한 여행이 될 수 있다. 그렇다면 막연하게 떠나는 여행이 아닌 어떤 것부터 차근차근 준비하고 사전에 어떠한 교육을 해야 로망을 현실로 만들 수 있을지 알아보자.

▶ 반려견 쉼터가 있는 고속도로 휴게소

가평휴게소(양방향)	고양휴게소(서울 방향)
매송휴게소(양방향)	덕평자연휴게소(강릉 방향)
용인휴게소(강릉 방향)	행담도 휴게소 (양방향)
서산휴게소(목포 방향)	단양팔경휴게소(부산 방향)
죽암휴게소(서울 방향)	금왕 휴게소(제천 방향)
군산 휴게소(서울 방향)	충주 휴게소(양평 방향)
신탄진휴게소(서울 방향)	화서 휴게소(상주 방향)
오수 휴게소(전주 방향)	마장휴게소(양방)
진주 휴게소(부산 방향)	

■ 집 안에서 반려견 냄새 관리하는 방법

1. 목욕시키기: 강아지를 주기적으로 목욕 및 관리를 해 주자. 샴푸는 체취 억제 효과가 있어 한동안은 냄새가 잘 묻어나지 않는다. 그러나 너무 자주 목욕을 시킨다면 피부가 건조해질 수 있으므로 좋지 않다. 환기가 잘 되는 곳에서 자주 빗질을 해 주는 것도 추천한다. 냄새를 줄여 줄 뿐만 아니라 집에 강아지 털이 날리는 것도 방지한다.

2. 카펫이나 침구류 청소하기: 집 안 곳곳 카펫이나 러그 같은 천을 깔아 두는 집들이 많아지고 있다. 베이킹소다를 이용해 빨게 되면 집 전체에서 나는 강아지 냄새를 한결 줄일 수 있다.

3. 환기 시키기: 환기는 매우 중요하다. 공기 중에 떠다니는 먼지와 털을 날려 보낼 수 있고, 신선한 공기를 들이마시면 반려견에게도 좋다.

4. 초 사용하기: 초를 태우면서 강아지 냄새를 자연적으로 없앨 수 있다. 이때 초는 반드시 반려견이 건드릴 수 없도록 높은 곳에 두어야 한다.

반려견과 여행하기 전 체크 사항

1. 반려견의 성향 파악 및 건강 체크

그 누구도 나의 반려견이 스트레스를 받으며 나의 로망만을 채우기 위해 억지로 반려견과 여행하지 않을 것으로 생각한다. 사람에게는 성격과 성향이라는 것이 존재한다.

반려견에게도 마찬가지다. 다른 친구들을 만나며 긍정적인 에너지를 받는 강아지가 있지만, 보호자와의 소통을 중요시하는 반려견도 있고, 장난감을 가지고 놀 때 행복한 강아지도 있다. 우리 아이들만 하더라도 그렇다. 5마리 모두 성향이 제각기 다르다.

활동적인 여행 계획을 짤 것인지, 함께 쉼을 더 중요시하는 여행을 계획할 것인지 등 반려견의 성향을 먼저 파악한 후 여행 계획을 준비한다면 반려인, 반려견 모두에게 부담되지 않는 여행이 될 것이다.

2. 산책 예절

기본 생활에서는 말할 것도 없고, 여행에서도 가장 중요한 것은 반려견과 얼마나 호흡이 잘 맞느냐도 매우 중요하다. 여행하면 가장 먼저 머릿속에 떠오르는 단어는 '힐링'이 될 수 있다. 스트레스는 최대한 받지 않고 잠시 쉬어가며 재충전하는 시간 속에서 나의 사랑스러운 반려견과 함께한다는 그 자체만으로 최고의 힐링이 될 수 있다. 이러한 힐링 속 나의 반려견이 산책 예절이 되지 않아 가는 곳마다 흥분하고, 짖고, 통제가 되지 않으며, 줄 당김마저 심해 끌려다니는 여행이라면 어떨까?

그렇다면 산책 예절을 다시 들여다보자. 산책 교육의 첫 번째는 올바른 도구의 선택에서부터다. 현재 나의 반려견 상태에 맞는 목줄을 사용할 것인지, 가슴줄을 사용할 것인지 등을 먼저 파악한 후 평상시 산책할 때마다 신경 써 주면 된다.

산책하면서 주변 보호자들을 유심히 바라볼 필요가 있다. 강아지가 이쪽으로 가면 나도 따라가고, 저쪽으로 가면 따라가고 있지는 않은가 관찰해 보자. 주도권은 보호자에게 있어야 한다. 보호자와 반려견이 심리적으로 가장 안정적인 느낌을 받을 때는 옆에서 나란히 걷고 있을 때라고 한다. 산책할 때마다 반려견이 좋아하는 간식을 하나씩 챙겨 보자.

바로바로 보상해 줘야 하므로 딱딱하지 않은 형태

의 간식이 좋다. 내가 멈췄을 때 강아지가 곧바로 옆에 앉으면 간식 보상, 눈을 맞추며 걸을 때 간식 보상, 옆에서 잘 걸을 때 간식 보상을 해 주면 효과가 있다.

스스로 고민하고, 그 고민 끝에 내가 원하는 행동이 나올 때 적절한 칭찬과 보상을 준다면 산책은 자연스럽게 좋아질 것이다. 교육은 반복과 꾸준함이다!

3. 하우스 교육(켄넬 교육)

기본 교육 중 가장 많이 추천하는 필수 교육으로 반려견이 하우스만 잘하더라도 반려 생활의 삶의 질이 크게 달라질 수 있다. 자신만의 공간이 생긴다는 것은 사람과 반려견 모두에게 의미 있는 일이다. 켄넬(kennel) 교육이 잘되는 아이는 이동을 하거나 흥분의 도를 낮추거나, 분리 불안을 예방하기도 하며, 스스로 독립된 개체로서 살아갈 수 있는 정서적 안정감까지도 줄 수 있다. 그렇기에 가장 기본이 되는 교육으로 퍼피 때부터 적응시켜 주면 좋은 훈련 중 하나이다.

모든 강아지 교육의 첫 번째는 인내심이다. 내가 원하는 행동을 마주할 때까지 끈기를 갖고 진행하는 것이 원칙이다. 켄넬 공간 안에 평상시 좋아하는 담요 또는 장난감 등을 놓는 방법도 있으며, 간식을 던져 반려견이 자연스럽게 안으로 들어갈 수 있도록 유도해 준다.

이때 포인트는 소심한 반려견 같은 경우 끝까지 뒷다리가 들어가지 않거나 애초 켄넬 안으로 들어가는 것을 망설이기도 한다. 그럴 때는 처음 구매를 하게 된다면 지붕과 바닥을 조립하는 형태로 되어 있다. 이 상태로 바닥과 지붕을 조립하지 않은 상태로 바닥면만 가지고 교육을 진행하는 것이다. 심리적으로 막혀 있는 공간보다 더 자연스럽게 들어갈 것이다.

계속해서 그 공간을 들어가는 것을 유도해 주며 칭

찬과 보상으로 교육을 이어간다. 차츰 더욱 자연스럽게 들어갈 때 지붕 면을 조립하고, 그 상태에서도 잘 들어가면 문도 닫아 보며 차츰 시간을 늘려 가면 된다. 명령어는 '하우스'라는 단어를 사용하고 재미와 흥미를 느낄 수 있도록 유도해 준다면 교육의 효과는 더욱 높아질 것이다.

켄넬의 크기를 선택하는 방법으로는 반려견이 서 있을 때 주먹 하나가 들어갈 정도의 높이와 한 바퀴를 돌았을 때 불편함 없이 돌 수 있는 정도의 크기를 추천한다. 하우스 교육이 원활하게 이루어진다면 반려견과의 여행 시 처음 맞이하는 낯선 장소도 무리 없이 잘 적응할 수 있으니 꼭 추천한다. 저자의 반려견 흰둥이는 장소가 그 어디든 켄넬 안에만 들어가 있으면 잠을 청하고 편하게 쉬고 있다.

4. 자동차와 친해지기

여행하면 빼놓을 수 없는 이동 수단이 바로 자동차다. 강아지에게 자동차란 과연 어떤 존재로 느껴질까? 빠르게 변화되는 주변 환경, 시동을 거는 것과 동시에 들려오는 다양한 잡음, 심하게 요동치는 방지턱과 주변 요철들, 그야말로 지진이 아닐 수 없다. 자동차와 친해지는 방법 또한 현재 반려견이 겪고 있는 상황에 따라 다르지만, 처음이라면 단순하게 생각해 보자.

우선, 나는 이런 보호자는 아닌지 고민해 보자. 예를 들어, 반려견 발톱을 정리해 줘야 한다면 하루 날잡고 20개 전부를 깎아야 하는 보호자인가? 이렇게 20개를 전부를 한 번에 깎는다면 반려견의 행동은 불보듯 뻔하다. 보호자가 발톱깎기만 들어도 이미 내시야에서 사라질 확률이 높으며, 발톱을 깎을 때는 세상 떠나갈 듯 소리를 지를 확률이 높다.

"왜 대체, 하루에 다 깎아야 하는가?"

반려견의 발톱은 굳이 하루에 다 깎지 않아도 된다. 포인트는 하나를 깎더라도 반려견이 즐거운 기억을 갖도록 하는 것이 포인트다. 이 행위를 하면 나에게 좋은 일이 일어난다는 인식이 심어진다면 나중에는 어떻게 변하겠는가? 보호자가 발톱깎기를 들면 먼저 와서 손을 내밀 확률이 높아질 것이다.

자동차도 마찬가지다. 자동차와 친하게 만들어 준다고 처음 타는 반려견에게 서울에서 부산까지 왕복한다고 가정해 보자. 굳이 설명하지 않겠다.

처음 자동차를 타 보는 강아지에게는 자동차라는 장소가 친숙해질 수 있도록 도움을 주는 것이 중요하다. 타자마자 시동을 거는 것이 아니라, 자동차 안에서 간식도 먹어 보고 간단하게 보호자 옆에도 앉아보고 냄새도 맡게 해 주며 이곳은 안전한 곳이라는 것을 인지시켜 주는 것이 중요하다. 마찬가지로 차츰 익숙해질 때쯤 시동도 걸어 보고 5분, 10분, 15분,

30분 점차 시간을 늘려 주며 자연스럽게 이동하면서 반려견의 상태를 체크해 보면 된다.

이때 반려견의 안전을 위해 운전을 하는 운전자 무릎이 아닌 반려견 전용 카시트, 켄넬 등을 이용해 뒷좌석에 탑승하는 것을 추천한다.

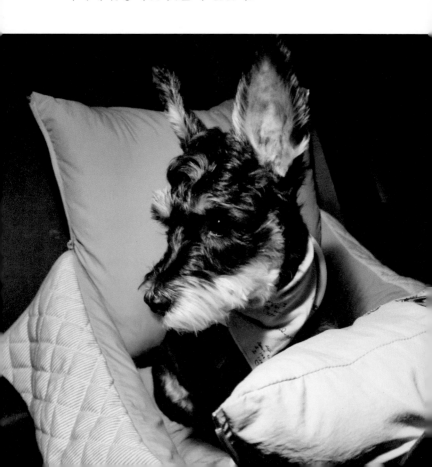

5. 짐 싸기

아마 반려견과 처음 여행을 떠나는 대부분 보호자는 자신의 짐보다 반려견의 짐이 더 많을 확률이 높다. 나도 그랬다. 무슨 이사하는 것처럼 처음에는 뭘 어떻게 챙겨야 할지를 몰라서 가진 용품이란 용품은 다 챙긴 것 같다. 이러하다 보니 안 그래도 반려견을 챙기는 것도 여간 손이 가는 것이 아닌데 짐까지 많아 버리니 쉽지 않은 여행으로 기억된다.

평소 산책을 진행할 때 갖고 다니는 작은 가방 또는 트릿백(강아지 산책 주머니)을 미리 하나 마련해 놓자. 꼭 여행이 아니더라도 산책할 때 이것만 들고 나가면 모든 것이 해결될 수 있도록 배변 봉투, 간식, 물, 물그릇, 진드기 퇴치제 등을 넣어 두고 다닌다면 이것만으로 대부분 야외 활동에서의 필요한 물품은 끝난 것이다.

여행 테마에 따라 꼭 필요한 물품들만 가볍게 싸는

것을 추천한다. 요즘에는 반려견 목욕 용품도 여행용에 맞춰 작은 크기로 잘 마련이 되어 있다. 배변 패드, 어디서든 손쉽게 사용할 수 있는 강아지 전용 물티슈, 사료, 간식, 매너 벨트 등을 잊지 말고 체크하자.

혹시 모를 대비용으로 리드 줄은 여유 있게 2개 정도 챙기는 것도 추천한다. 하나는 이미 착용하는 용도, 하나는 예비용으로 갖고 있다면 혹시 발생할지도 모르는 상황에 빠르게 대처할 수 있다.

현재 대한민국에서 반려 동반 여행에서 가장 많은 보호자의 선택을 받는 기업이 있다. 반려동물 동반 여행사 '펫츠고'라는 기업이다. 국내 최초 반려견이 함께 탈 수 있는 크루즈, 반려견과 함께 타는 전세기 등 전국 지자체의 협력을 통한 반려견 여행 문화에 지대한 영향력을 펼치고 있는 기업이다. 1년 내내 다양한 반려견과 함께 즐길 수 있는 여행을 테마로 운영하고 있다. 이러한 전문가들로 구성된 여행사를 통

한 여행은 초보 여행자들에게 큰 도움이 될 것이다.

개인적으로 느끼는 반려견과의 여행 중 가장 큰 기쁨은 모든 것이 행복하긴 하지만, 평상시 마주하지 못하는 표정과 행복함을 만나는 그 순간이다. 반려견과 여행을 떠나는 보호자라면 이 표정을 꼭 만나 보길 바란다.

반려동물 문화 축제에 무조건 가야 하는 5가지 이유

4~6월, 9~11월 기간 중에는 SNS에서, 또는 반려견과 산책 중 심심치 않게 반려동물 문화 축제 홍보 현수막들을 만나 볼 수 있다. 아마 웬만한 지역에서 문화 축제들이 작든 크든 진행되고 있을 것이다.

종종 지인분들이 이런 곳에 가면 대체 뭘 하느냐는 식의 질문을 하기도 하고, 반려견을 데리고 갈 만하냐는 식의 이야기를 묻는다. 그럴 때마다 자신 있게 이야기한다. 무조건 한 번쯤은 꼭 가 보라고. 지금부터 꼭 가야 하는 이유를 설명해 보겠다.

설득된다면 우리는 현장에서 만날 확률이 높을 것이며, 그렇지 못하다면 가야 하는 이유에 대해 더 고민을 해 봐야 할지도 모르겠다.

우선 첫째, 반려동물 문화 축제는 우리의 세금으로 이루어진다.

이 말은 즉 관련 담당자들이 존재하며, 주최하는 곳이 지자체라는 점이다. 그만큼 프로그램에 대한 검토도 충분히 들어가고, 보호자들에게 흥미가 있으며, 유익한 프로그램으로 구성이 된다는 점이다. 안전에 대한 부분도 꼼꼼하게 신경을 쓰며 운영되기 때문에 믿고 방문을 해 보길 추천한다.

둘째, 선물이 정말 다양하게 많다.

내가 구매하기는 아깝고 좋은 제품들을 반려견과 게임을 통해 경품을 받을 수도 있으며, 행운권 추첨, 즉석 이벤트, 사진전 등 진행자의 재량에 따라 좋은 선물을 받을 수 있으니 추천한다.

셋째, 유익한 좋은 정보를 많이 얻어 갈 수 있다.

평상시 만나기 어려운 스타급 훈련사들의 강의도 듣고 질문도 할 수 있다. 중간중간 부스에서 훈련사들과의 상담이 이루어지고, 반려견 미용사들이 직접 진행하는 반려견 청결 미용도 받을 수 있다. 콘텐츠에 따라 수제 간식 직접 만들어 보기, 펫 타로 체험하기, 미로 체험하기 등 평소 관심은 있었으나 쉽게 접하기 어려운 다양한 체험을 직접 만나고 체험할 수 있다는 것은 아주 큰 장점이라 생각한다.

새로운 반려견 관련 제품이나 간식 등을 만나볼 수도 있다. 새로운 제품들이 나오며 관련 업체들이 마케팅을 염두에 둘 때 온라인도 신경을 쓰지만, 직접적인 피드백을 받을 수 있는 오프라인 현장으로 생각하는 곳이 바로 이러한 문화 축제 현장이다.

넷째, 다양한 견종을 만날 수 있다.

반려동물 문화 축제를 다녀오신 분들이라면 공감

할 것이다. 다녀가는 반려견의 수는 최소 100마리에서 많게는 200~300마리까지 다녀가기도 하며, 축제 시간이 긴 경우 더 많은 반려견이 다녀가기도 한다. 이렇게 많은 반려견이 처음부터 끝까지 현장에 빼곡히 있는 것은 아니니 걱정하지 않아도 된다. 현장의 부스만 구경하는 보호자, 프로그램을 참여하는 보호자, 잠시 산책하는 길에 들리는 보호자 등 다양하게 분산되어 참여한다.

기본적으로 반려견 축제 현장의 규모가 크고, 곳곳에 안전 스텝들이 배치되어 있으며, 진행자의 안전 멘트들이 계속해서 흘러나온다. 축제의 경우에는 상황에 따라 다르지만, 무조건 리드 줄을 매고 다녀야 한다는 것도 안심할 수 있는 이유 중 하나다. 적어도 필자가 참여했던 축제 현장에서 안전사고는 아직 단 한 번도 없었다.

다섯째, 반려동물 문화 축제 현장은 도심 속 반려견

의 사회화 교육 집합체 현장이다.

전문가들이 곳곳 배치되어 있으며, 낯선 사람을 만나기도 하고, 낯선 반려견을 만나고 흘러나오는 스피커 소리, 곳곳에 배치된 부스 현장, 보호자와 함께하는 반려견 참여 프로그램이 있다. 시시각각 변화되는 장소 등 반려견이 보고 듣고 느낄 수 있는 모든 것들이 곧 사회화 교육 현장이 될 수 있다. 도심 속에 살아가는 반려견들의 교육 중 보호자들이 신경을 써야 하는 것 중 바로 다양한 상황에 따른 사회화 교육이 포함되어 있다.

소리, 환경, 사람, 다양한 반려견의 소리를 접하는 것, 다양한 환경을 만나게 해 주는 것, 다양한 사람을 만나게 해 주는 것, 다양한 친구들을 만나게 해 주는 것 등 반려견이 접할 수 있는 최고의 현장인 것이다! 그러므로 반려동물 문화 축제 현장을 꼭 한번 방문해 보자.

■ 사회화 과정 속 반려동물 예절[30+]

카페, 캠프, 문화 축제와 같이 다른 반려동물과 상호작용이 발생할 수 있는 장소에서는 다음과 같은 펫티켓을 준수하여, 상호 존중하는 환경을 조성하고 갈등을 예방할 수 있다.

1. 사회화가 잘된 반려동물만 동반하기: 다른 반려동물이나 사람들과 잘 어울릴 수 있는 반려동물만 함께 데려간다.

2. 예방 접종 완료: 모든 필수 예방 접종을 완료한 반려동물만 동반한다.

3. 건강상태 확인: 장소를 방문하기 전 반려동물이 건강한 상태인지 확인하고, 아픈 반려동물을 데리고 외출하지 않는다.

4. 적절한 목줄 및 하네스 사용: 다른 반려동물과의 갑작스러운 충돌을 방지하기 위해 적절한 목줄이나 하네스를 사용한다.

5. 배변 훈련: 장소 내외에서 반려동물이 배변을 하지 않도록 사전에 배변 훈련을 시킨다.

6. 배변 봉투 및 청소용품 준비: 만약을 대비해 배변 봉투와 청소용품을 준비하고, 배변이 발생하면 즉시 청소한다.

7. 과도한 짖음 주의: 공공장소에서 반려동물이 과도하게 짖지 않도록 주의하고 필요시 조처를 한다.

8. 먹이 주기 금지: 다른 반려동물에게 먹이를 주지 않도록 하세요. 주인의 허락 없이는 자신의 반려동물에게도 간식을 주지 않는다.

9. 신체 접촉 최소화: 타인의 반려동물과의 무분별한 신체 접촉을 피한다.

10. 몸집이 큰 반려동물의 특별 관리: 맹견에 해당하는 반려견은 특별히 관리한다.

11. 소음 관리: 반려동물이 공공장소에서 과도한 소음을 내지 않도록 관리한다.

12. 장난감 공유 주의: 자신의 반려동물 장난감을 다른 반려동물과 공유할 때는 주의하고, 상호작용을 지켜본다.

13. 주변 환경 인식: 주변 환경과 다른 반려동물의 반응을 지속적으로 관찰하고, 필요한 조치를 취한다.

14. 공격성 있는 반려동물 관리: 공격적인 성향이 있는 반려동물은 공공장소에 데려가지 않도록 한다.

15. 놀이 중 주의: 반려동물이 놀이 중에 다른 반려동물이나 사람에게 피해를 주지 않도록 주의한다.

16. 충분한 물 준비: 반려동물이 충분히 물을 마실 수 있도록 항상 준비한다.

17. 반려동물 감시: 반려동물을 항상 감시하고, 필요시 즉각적으로 행동을 제어한다.

18. 휴식 시간 제공: 반려동물에게 충분한 휴식 시간을 제공하고, 스트레스를 받지 않도록 한다.

19. 소유권 표시: 반려동물에게 명확한 식별표를 달아 다른 사람이 반려동물을 인식할 수 있도록 한다.

20. 출입 허가 확인: 펫카페나 펫캠프 등 특정 장소에 출입하기 전에 반려동물 동반 허가 여부를 확인한다.

21. 다른 반려동물과의 거리 유지: 필요에 따라 다른 반려동물과의 적절한 거리를 유지한다.

22. 사고 대비: 만약의 사고에 대비하여 반려동물의 의료 정보와 보험 정보를 준비한다.

23. 물림 사고 예방: 반려동물이 사람이나 다른 동물을 물지 않도록 주의한다.

24. 행동 교정: 필요한 경우 전문가의 도움을 받아 반려동물의 행동을 교정한다.

25. 타인의 반려동물 존중: 타인의 반려동물에게 친절하게 대하고, 주인의 허락 없이 만지지 않는다.

26. 동물 간의 싸움 방지: 반려동물 간의 싸움이 발생하지 않도록 주의한다.

27. 긴급 상황 대처: 반려동물이나 다른 사람이 다칠 경우를 대비해 긴급

상황 대처 방법을 숙지한다.

28. **반려동물 피로도 인식:** 반려동물이 피로해 보이면 즉시 휴식을 취한다.

29. **퇴장 준비:** 필요한 경우 신속하게 장소를 떠날 준비를 한다.

30. **후속 조치:** 장소 이용 후 발생한 문제에 대해 책임감 있게 후속 조치를 한다.

이러한 펫티켓을 준수함으로써, 다른 반려동물과 상호 작용이 발생하는 장소에서도 반려동물과 즐겁고 안전한 시간을 보낼 수 있다.

강아지 유치원은
꼭 다녀야 할까?

결론부터 이야기해 보자. 개인적으로 유치원을 한 번이라도 다녀보는 것을 추천한다. 단 프로그램이 세분화되어 있으며 전문가가 상주하는 곳이어야 한다. 강아지와 오랜 시간을 함께했던 보호자라면 어느 순간 주변에 폭발적으로 생겨난 강아지 유치원이라는 곳을 인지하고 있을 것이다. 산업 발전일 수도 있으나 그나마 이러한 장소들이 내 주변 가까운 곳에 생겨난 다는 것은 보호자들에게는 좋은 일이라 생각한다.

유치원이라는 곳이 자리 잡기 전에는 훈련소라는 곳들이 있었다. 교육을 진행하기 위해서 훈련소를 찾아가야 했고, 도심 속을 벗어난 곳에 주로 자리 잡고 있었기 때문에 이동 수단이 없었다면 접근성이 좋지 않았던 것도 사실이다.

강아지들이 유치원을 다니다 보면 다양한 변화들을 느낄 수 있다. 소심한 아이들이 활달한 아이로 변화하기도 할 것이며, 짖지 않던 아이가 짖는 법을 배울 수도 있다. 친구들과 노는 것이 너무 좋아 등원 몇 시간 전부터 이미 유치원에 가자고 떼를 쓰는 아이도 있을 것이며, 제각기 다른 모습들을 마주할 것이다.

꼭 긍정적인 모습만으로 변화가 되는 것은 아니다. 그럼에도 유치원을 다녀 보길 추천하는 이유는 나에게 가장 가까운 전문가를 둘 수 있기 때문이다. 다만 다니고자 하는 곳에 꼭 전문가가 상주하는 곳을 다녀야 한다는 전제 조건이 있다.

이 부분을 강조하는 이유 중 하나는 최근 유치원 관련 산업이 확장되며 비전문가들이 유치원을 운영하는 경우도 많기 때문이다. 이러한 경우가 나쁘다는 것은 아니다. 돌봄의 개념으로 활용할 수도 있기 때문이다. 딱 여기까지만 활용하길 권유한다.

전문가가 상주하고 있으며 세분화되어 있는 프로그램이 존재하고, 우리 아이에 대해 잘 아는 곳이라고 한다면 내가 놓치는 부분을 체크할 수 있을 것이며, 반려견에 대해 조금은 더 이해하고 접근할 수 있는 시간으로 만들 수 있다.

반려견의 교육은 예방의 차원이므로 어떠한 수정해야 하는 행동이 나왔을 때 빠르게 대처를 할 수 있기 때문이다. 여기에서 하나 더 나아가자면, 개인적으로 어떠한 교육적인 목적을 조금 염두에 두고 유치원을 등원하고자 한다면 구성원 모두가 유치원에서 상담을 받고 충분한 이야기를 나눈 후 등원시키는 것을 추천한다.

저자의 유치원은 등원하고자 한다면, 될 수 있으면 구성원 모두가 선생님들과 충분한 이야기를 나눌 수 있는 시간을 만들고자 한다. 이유는 간단하다. 교육을 진행하면서 하나로 통일된 교육이 이루어져야 하기 때문이다.

유치원을 다니고자 한다면, 가능하다면 주변 모든 곳을 꼼꼼하게 비교해 보는 것도 추천한다. 나의 반려견이 다닐 곳이기 때문에 시설은 어떤지, 유치원 프로그램들은 어떤 것이 있는지, 선생님들은 어떤지, 정말 전문가가 상주하는지, 현재 등원하는 반려견들은 어떠한 아이들이 있는지 꼼꼼하게 비교해 보고 내 눈으로 직접 확인해 보고 결정해야 한다.

필자는 상담하러 오는 보호자들에게 꼭 말씀을 드린다. 주변에 있는 모든 곳과 비교해 보셔야 한다고.

추가로 "유치원을 일주일에 몇 번을 다니는 것이

괜찮을까요?"라는 질문을 많이 받는다.

정말 특별한 이유가 없다면 2~3회를 추천한다. 사람과 같이 반려견에게도 자기만의 시간은 꽤 중요하다. 혼자 스스로 있는 힘을 길러야 하기도 하며, 쉼의 개념으로도 혼자만의 시간을 견딜 수 있어야 하기 때문이다.

반려견 유치원 멍클래스의
낮잠 시간

✧ 오늘의수업 ✧

썬생님과

아이컨택하기

특별 활동 프로그램

기다려 교육

펫로스

이별을
마주하는 순간

처음 책을 기획하며 이 장을 끝까지 피하고 싶었다. 감정 조절이 쉽지 않을 것 같았다. 반려인이라면 누구나 언제가 될지는 모르지만, 마지막까지도 쉽지 않고 마주하기 싫은 순간이 있다. 바로 반려견의 죽음이다. 글을 쓰며 찾아보는 반려견의 죽음에 대한 글들은 제목부터 슬프게 만든다. 필자가 이 내용을 쓰고자 하는 이유는 간단하다. 이제는 받아들여야 하기 때문이다.

우울증보다 더 무섭다고 표현하며, 반려견이 무지개다리를 건너 슬픔을 이기지 못해 스스로 목숨을 끊는 가슴 아픈 뉴스도 있었다. 바로 '펫로스 증후군'이라는 것이다.

> ▶ 펫로스 증후군
>
> 사랑하는 가족이었던 반려동물이 내 곁을 영영 떠나가게 되면서 느끼게 되는 자연스러운 우울감, 상실감이다. 감정적, 행동적으로 나도 모르게 반응을 하게 되는 주요 증상은 아래와 같다고 한다.
>
> 감정적 반응: 현실 부정, 눈물, 정신 혼미, 불면증, 식음 전폐 등 그전에는 느끼지 못했던 다양한 감정들을 느낀다.
>
> 행동적 반응: 반려동물의 장난감이나 담요를 옆에 두고 잠을 자거나, 생전에 쓰던 물건을 버리지 못하며, 반려동물이 살아 있을 때와 같은 일과를 보내기 등

어쩌면 우리는 이 순간을 상상하지 않으며 마주하기도 싫고 늘 피하기만은 했는지 고민해 볼 필요가 있다. 필자 역시 그랬다. 준비 자체를 하지 않았다. 간혹 보이는 영상 속 강아지 죽음과 관련이 된 것이라면 쳐다보지 않았고 피하기 급급했다.

그러나 사랑하는 반려견들이 무지개다리를 건너는 모

습을 보며, 유치원을 운영하며 등원했던 강아지들이 무지개다리를 건너면 꼭 잊지 않고 그날은 함께 슬퍼해 주면서, 이제는 피하는 것이 아닌 숙명이고 받아들이기로 했다. 함께 슬퍼해 준다는 것은 실제로도 큰 위로와 힘이 된다. 그리고 내가 느낀 감정과 받아들이는 과정들을 많은 분과 공유하고 함께 소통하기로 했다. 실제로 반려견의 죽음을 인정하고 준비하는 과정을 미리 생각하는 것과 생각하지 못하는 것은 큰 차이가 있다.

삶이 있다면 죽음이 있듯이 나의 반려동물도 마찬가지다. 강아지에게 가장 행복한 순간은 끝까지 자신의 곁을 지켜 주는 보호자가 있는 것이라는 말이 있다. 우리도 이제는 피할 수 없는 순간을 받아들이며 마주할 때가 분명히 올 것이다.

반려견에게 보호자는 이 세상에서 가장 강한 존재다. 가장 강한 존재로 그리고 그 자리를 끝까지 지켜 주는 보호자로 우리 쉽지 않겠지만 조금씩 준비해 보자.

대박이 그리고
무거운 결정

대박이

지금 돌이켜보면 내 인생에 강아지라는 존재는 일곱 살 때 사진 속에서부터 시작된 듯하다.

운명인지는 모르나 가족들 모두가 동물을 좋아했고 청소년 시절은 물론 군대를 다녀오고 그 이후까지 모두 동물이 내 주변에 있었고, 내 진로까지 영향을 준 존재이며 언제나 인생의 많은 자극을 주는 관계라 생각한다.

적지 않은 만남과 이별 중 '강아지'라는 특별함을 안겨 준 친구가 있다.

대박이라는 래브라도 리트리버다. 일명 우리에게는 '천사 견'이라고도 잘 알려져 있으며, 주변에서 흔히 만날 수 있는 견종이다.

대박이는 참을성은 물론 사람과 동족 모두에게 친절하게 대할 줄 알았으며, 어디를 가나 사랑을 나눠줄 수 있는 착한 친구였다. 늘 나를 의지하고 신뢰했으며, 그 어떤 장소라 할지라도 함께라면 서로는 행복했다. 대박이와 함께하는 시간은 행복했고, 시간이 조금씩 흐르고 나이가 들어가고 있다는 것도 느끼지 못했다. 늘 그 자리 그리고 영원할 줄만 알았다.

그러던 어느 날부터 대박이는 다리를 조금씩 절기 시작했다. 대수롭지 않게 생각했던 것이 큰일로 이루어질 것이라고는 상상도 하지 못했다. 처음 며칠은 큰 신경을 쓰지 못한 채 흘러갔고, 시간이 지나도 나아지지 않아 병원 검사를 받았다. 역시나 대박이는 병원에서도 소리 한 번을 내지 않고 의젓하고 착하게 검사를 끝내고 결과를 기다리고 있었다.

무지했다. 대박이에게 지금 이 순간도 미안하다는 감정뿐이다. 결과는 상상도 하지 못했던 골육종이라는 악성종양이 생겼다는 것이다. 청천벽력 같았다. 뒷다리 절단 수술을 해야 하는 상태에 이르렀다는 사실을 함께 들었다. 눈물이 흐르는 내 모습을 바라보는 대박이는 오히려 나를 위로해 주는 듯싶었다.

마치 모든 것이 멈춰 버리듯 그 어떤 결론도 내지 못했고 잠시만 시간을 달라고 말씀드렸다. 보호자라는 무게에 무거움을 느끼는 순간들의 연속이었다. 나의 판단과 결론에 대박이에게 모든 것이 달린 시점이다. 상상도 하지 못했던 일이다.

대박이가 절단 수술을 하다니….

수의사 선생님께 다시 한번 여쭤봤다. 지금 이 방법이 최선인가요? 그렇단다.

지금은 이 방법이 최선이며 한 말씀 더 덧붙여주셨다. 절단 수술이라는 것이 처음 보호자 분들이 결정하기까지가 쉽지 않은 부분이라는 점 너무 잘 알고 있다. 하지만 절단 수술을 하게 되면 강아지는 생각보다 빠르게 그 전의 컨디션으로 돌아올 확률이 높고, 적응도 잘할 수 있다는 말씀이셨다. 결론부터 이야기하자면, 수의사 선생님 말씀이 맞았다.

대박이 수술은 성공적이었다. 생각보다 빠르게 한 달도 지나지 않아 컨디션이 잘 돌아왔고 적응도 빨랐다. 세 발로 산책도 잘했으며, 웃는 표정도 자주 볼 수 있었다. 다른 바람은 없었다. 그저 함께할 수 있는 시간 동안만이라도 더 행복하고 더 자주 웃는 모습을 보길 바라는 마음뿐이었다.

그렇게 대박이와 시간은 다시금 안정을 찾나 싶었다. 많은 욕심도 바라지 않았다.

언제나 좋지 않은 일들은 예고 없이 한 번에 찾아오기 마련이다. 대박이는 조금씩 다시 컨디션이 나빠지기 시작했고, 시간이 지날수록 체력적인 부분에서도 현저히 떨어지는 것이었다.

다시 병원을 찾았다. 언제나 그렇듯 대박이는 컨디션이 좋지 않았음에도 불구하고 오랜만에 찾은 병원 수의사 선생님과 간호사들께 차례대로 인사하며 사랑을 받고 의젓하게 검사까지 모두 끝냈다. 그리고 결과가 나왔다. 악성종양이 민들레 꽃씨처럼 온몸에 퍼졌다는 결과와 마음의 준비를 해야 한다는 결과가 나왔다. 다시 모든 것이 멈춰 버렸다. 눈물이 흐를 공간조차 없었다.

이때 대박이 나이는 열두 살이었다.

무거운 결정

인생 통틀어 가장 어렵고 무거운 결정이었다. 느낌으로 알았다. 시간이 그리 많지 않다는 사실을. 길어야 한달 이내 대박이를 놓아주어야 할 것 같았다. 강아지의 노후, 병마와 싸우는 시간은 어찌나 빠르게 진행되는지 이때 처음 느끼기도 했다.

　우리는 얼마 남지 않은 시간을 대박이와 조금이라도 더 추억을 만들기로 했다. 일상 모든 것을 잠시 멈추고 온전히 대박이와 시간을 보내며 쏟았다. 여행도 가고, 함께 남길 수 있는 사진도 찍고, 대화도 더 많이 나눴다.
　평상시 하지 못했던 이야기들, 표현하지 못했던 애정 표현을 더 많이 쏟아 주고 후회 없는 시간을 보냈다. 표현하고 있으면 대박이는 무심히 쳐다보며 말하는 듯했다. 고맙다고, 끝까지 함께해 줘서.

　무심한 시간은 어김없이 흘러갔고 대박이는 점점 더 눈에 띄게 컨디션이 좋지 않았다. 정말 결정을 해야 하는 시간이 흘렀고, 나는 대박이가 듣지 않기를 바라는 마음으로 밖에 나와 병원에 전화를 했다. 그리고 짝꿍에게도 이야기했다. 내가 우선 모든 것들을 정리해 놓는다고….

하루를 앞둔 우리는 대박이를 위한 조그마한 파티를 열었다. 대박이 눈의 초점은 점점 더 희미해졌다. 평상시 대박이가 먹지 못했던 음식들을 차렸다. 그리고 마지막 생일축하 노래를 불러 주는 가운데 시간이 흘러가고 있었다. 또 한 번 시간이 멈추기만을 기도했다.

영원한 이별

아침이 오는 것이 원망스러웠다. 소식을 들은 친구들이 하나둘씩 집에 도착했다. 모두 대박이와 추억이 있던 친구들로 마지막을 함께해 줬다. 집에 함께 지냈던 친구들과 인사를 나눴다. 끝까지 대박이는 의젓하고 씩씩했다. 친구들에게도 고마웠다는 표현을 하는 것 같다. 마지막 준비해야 하는 것들을 준비하고 하나둘씩 짐을 챙기고 병원으로 출발했다.

병원에 도착하니 병원 분위기도 좋지 않았다. 이별이라는 것은 누구에게나, 그리고 아무리 많은 경험을 하더라도 쉽지 않은 것이 분명하다. 대박이가 병원에 다니며 감사하게도 대박이를 예뻐해 주셨던 간호사 선생님들, 수의사 선생님 모두 마지막을 함께 슬퍼해 주셨다. 오늘 근무가 없으셨던 간호사 선생님도 병원에 나와 대박이 마지막을 함께해 주셨다. 너무 감사했다. 마지막까지 대박이는 이렇게 많은 사람이 함께해 준다는 것만으로 '참 사랑받는 존재였구나!'라는 것을 느껴졌다.

수의사 선생님의 설명을 듣고 잠시의 시간을 주셔 마지막 산책을 하기로 했다. 모두가 애써 표현을 하지 않고 웃으며 함께해 줬지만, 대박이는 이제 정말 알고 있는 것 같다. 자신도 마지막 산책이라는 것을, 자신의 몸과 컨디션이 매우 좋지 않다는 것을.

다시 병원에 들어온 우리는 지금껏 경험해 보지 못한 슬픔을 겪었다. 그리고 지금껏 대박이 사진은 내 책상을 지키고 있다. 그렇게 대박이는 우리 곁을 떠났다.

대박아 함께해 줘서 고마웠어, 어딜 가나 사랑을 줄 수 있던 너라는 존재를 알게 되어 나도 더 많은 감정을 표현하는 방법을 배웠고, 너라는 존재를 통해 강아지라는 동물과 소통하는 방법을 배울 수 있었고, 생명에 대한 소중함을 더 많이 이해하고 느낄 수 있었던 것 같아.

거기서는 아프지 말고, 지금 너의 모습처럼 의젓하고 사랑스럽게 많은 친구와 잘 지내고 있어. 우리는 꼭 다시 만날 거야. 사랑해 대박아!

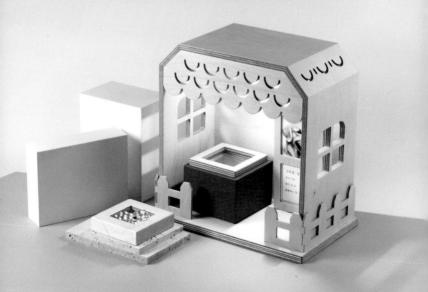

'메이커스 손수'라는 목공방에서 선보인 펫 유골함 메모리얼 큐브,
가정에 안치하는 추모 방법을 선택하는 반려인들을 위해 제작했다.

잘 극복하기

대박이가 떠난 후 가장 큰 변화는 문득문득 대박이가 나의 공간에 들어온다는 것이다.

한숨만 나오고, 가만히 있다가도 생각나며 천사 견의 이미지로 가는 현장마다 래브라도 리트리버만 보면 나도 모르게 눈물이 흐르곤 했다. 한번은 반려견 문화 행사 현장에서 대박이와 너무 비슷한 느낌의 아이를 만나 인사를 하며 감정이 주체할 수 없었던 적도 있다.

인사를 나누며 쓰다듬을 때의 감촉, 나를 보며 웃는 모습, 문화 행사 내내 그 아이가 계속 눈에 들어와 겨우 겨우 참아가며 진행을 했던 적도 있다.

반려견이 나의 곁을 떠났을 때 그 감정과 시간을 숨기지 않았으면 좋겠다. 충분히 슬퍼하고 충분히 애도하며 충분히 울었으면 좋겠다. 감정을 숨기는 것은 더 큰 우울감으로 올 수도 있다. 단 그 기간을 너무 오래 끌고 가지 않는 것을 추천한다.

간혹 반려동물이 세상을 떠났을 때 '슬픔에 대해 이상한 경우로 보는 사람도 있고, 스스로 이렇게 슬퍼하는 것이 맞나'라고 생각하는 보호자도 있다. 그러나 이는 같은 슬픔을 겪어 보지 않은 사람일 확률이 높으며, 자기 자신에 대한 슬픔을 애써 속일 필요도 없는 것이다.

반려동물은 그 누구보다도 나의 삶을 가장 솔직하게 공유했던 존재다. 혼자만의 나의 모습, 누구에게도 보이고 싶지 않은 모습, 슬픔, 즐거움, 기쁨, 분노 등 모든 감정과 삶을 공유했던 존재라는 것이다.

이러한 감정에 대해 부정적으로 보는 사람과의 공유는 잠시 피하고 자신의 감정을 솔직하게 이야기할 수 있는 타인과의 충분한 소통을 통해 애도의 시간을 갖길 바란다.

최근에는 내가 겪은 일을 먼저 겪은 반려인, 겪고 있는 반려인 등이 소통하는 반려동물 관련 온라인 커뮤니티도 활발히 이루어지고 있다. 같은 슬픔을 가진 반려인들끼리 소통하는 것도 깊은 공감과 위로가 될 것이다.

영원하지 않다는 것을 미리 인지하는 것도 중요하다. 우리는 삶을 살아가며 모든 것이 영원할 것 같은 착각 속에 살아가는 경우가 있다. 모든 것은 절대 영원할 수 없으며, 나의 시간도 정해져 있듯이 반려견의 시간도 정해져 있다는 것을 인지하며 하루하루 소중한 시간을 후회 없이 반려견과 함께해 본다면 어떨까?

반려견은 미래와 과거가 없다고 한다. 지금 이 순간 현재가 중요한 동물이니만큼 현재를 가장 소중하게 아낌없이 사랑해 보길 추천한다. 그럼에도 이별 앞에서 후회가 드는 감정은 어쩔 수 없는 것이 사람인 것 같다.

펫로스 관련 정보, 도서를 찾아보는 것도 큰 도움이 될 수 있다. 나와 다른 사람은 이러한 아픔을 어떻게 극복했는지, 위로와 공감을 얻을 수도 있을 것이며, 미리 준비하고 나의 마음 태도에 대해서도 알아볼 수 있을 것이다.

그래도 슬픔들이 나를 계속해서 찾아온다면 꼭 전문가를 찾아가 상담을 받아 보길 적극적으로 권한다. 최근에는 펫로스 관련 전문인들이 많이 나오기도 하며 상담 또한 체계적으로 잘 만들어져 있다.

다양한 경험과 노하우를 가진 전문인들과의 상담을 통해 꼭 슬픔을 치유하길 바라본다.

사실 다양한 방법을 미리 인지하고 스스로 다짐을 해본다 한들 반려견의 죽음 앞에서는 무너질 수밖에 없는 것이 현실이다. 그래도 어쩌겠는가. 이겨내야지….

사실 대박이 이야기를 쓰면서도 눈물 콧물 다 뺐다. 흰둥이랑 산책하며 겨우 마음을 다잡았다.

나를 가장 강한 존재로 생각하는 반려견이 자신 때문에 이렇게 슬퍼만 하는 모습을 보고 있다면 과연 어떻게 생각할까? 분명 좋지 않을 것이라 확신한다.

먼저 떠난 반려견을 위해서도, 나를 위해서도, 쉽진 않겠지만, 건강하게 그리고 지혜롭게 슬픔을 치유하길 바라본다.

맺음말

먼저 수많은 관련 서적 중 저자의 책을 선택해 주신 당신께 감사드린다. 그리고 당신과 함께 살아가는 반려동물을 위해 시간을 내어 고민하는 모습이 너무 감사하고 멋지다.

그 감사함을 알기에 수없는 경험을 통해 내가 보고 듣고 느낀 많은 정보를 가감 없이 전달하기 위해 노력했고, 반려인과 반려동물이 행복하게 살아갈 수 있도록 고민했다. 아주 조금이라도 함께하는 삶에 도움이 되었으면 한다.

글을 쓰다 보니 어디는 혼자 심각하게 쓴 부분도 있는 것 같고, 감정이 차올라 글을 쓰지 못해 힘들었던 부분도 있다. 너무 즐거워 나의 즐거움이 글을 읽는 분에게도 전달이 되길 바라는 마음으로 쓴 부분도 있다. 이러한 감정들은 아마 반려동물과 함께 살아가는 여러분이라면 모두 공감하고 또 느낄 감정들이 아닐까 싶다.

지금 이 순간에도 어디에선가는 버려지는 아이들도 있을 것이며, 가족을 만나지 못해 안락사를 당하는 아이도 있을 것이며, 소중한 울타리를 기다리는 아이도 있을 것이다.

아주 잠시만 주변을 돌아보고 살펴본다면 도움을 줄 수 있는 무엇인가가 분명히 있다. 최근 「콘크리트 유토피아」라는 영화를 감명 깊게 봤다. 결국, 우리는 절대 혼자 살아갈 수 없으며, 지금 옆에는 반려동물이 있다.

소중한 존재와 함께 살아가고 있음을, 소중한 존재 때문에 이렇게 맺어진 인연에 감사하다. 어쩌면 우리는 반려견과 함께 살아가며 성장하는 관계일지도 모른다. 서로를 이해하고 존중하며 후회 없이 지금 이 순간 속

유쾌한 추억만 만들어 가길 기원한다.

막내 밤이가 계속 장난을 치고 있다. 어서 가서 집사 노릇을 해야겠다. 책이 나오기까지 이야기들을 담는 데 도움 주시고 많은 조언, 고민해 주신 모든 분께 다시 한 번 감사드린다.

흰둥이, 쭈쭈, 토실이, 재둥이, 두기, 밤이, 또롱이, 나부 아빠가

부록

반려견, 반려묘 주의할 음식

▶ 반려견이 먹어도 괜찮은 음식

음식	효능
사과	껍질째 먹으면 항산화 효과, 비타민A, 비타민C 등을 섭취할 수 있으나, 씨는 독성이 있으니 조심해야 한다.
고구마	변비가 있는 강아지에 도움이 된다.
달걀	소화 불량으로 고생하는 강아지에게 좋으며, 흰자는 반드시 익혀서 주도록 해야 한다.
호박	단호박과 애호박 모두 강아지에게 좋다. 다만 신장이 좋지 않은 친구들한테는 피하는 게 좋다.
두부	단백질이 풍부하며, 고기에 알레르기 반응을 보인다면 좋다.

음식	효능
연어	익혀서 줘야 하며 오메가-3가 풍부해 피부와 털 건강에 좋다.
오트밀	콜레스테롤을 억제하고 몸의 저항력을 높인다.
무	소화 촉진, 노폐물 제거, 암 예방, 수분 풍부 다이어트에 도움이 된다.
배추	변비 완화, 소화 촉진 칼슘이 풍부한 식재료로 수분 함유량이 많아 포만감을 준다.
토마토	소화 촉진, 항암 효과, 익히거나 볶거나 생으로 먹여도 상관없으나 익혀 주면 영양흡수율이 높아진다고 한다.
연근	뼈 생성, 재생 도움, 장에 좋으며 익혀 주는 게 소화가 잘되며, 잘게 다져 주는 걸 추천
돼지안심	필수아미노산, 비타민B1 풍부, 체력 증강 가지와 돼지 안심 좋은 시너지를 내는 조합
버섯	수분과 식이섬유가 풍부해서 다이어트에 도움 되는 식재료 (완전히 익혀서 잘게 갈아 주는 게 소화가 잘된다고 한다.)

▶ 반려견이 먹으면 안 되는 음식

음식	이유
알코올	반려견은 모든 종류의 알코올을 분해할 수 없어 아주 적은 양으로도 구토, 호흡곤란, 의식불명이 될 수 있으며 사망할 수 있다.

음식	이유
포도류	포도, 건포도, 포도 주스류 등은 반려견의 신장을 손상해 설사와 구토를 유발하며 심할 경우에는 신부전증에 걸릴 수 있다.
각종 동물의 뼈	부서질 때 날카로운 형태를 띠는 동물의 뼈는 구강 내 상처 및 내부기관에 크고 작은 상처를 낼 수 있으며 심각한 경우 사망할 수 있다.
양파와 마늘	양파와 마늘에는 반려견의 적혈구를 파괴하는 성분이 있어, 빈혈을 일으킬 수 있다.
초콜릿 (카카오)	초콜릿의 카카오 성분은 반려견의 중추신경계에 영향을 끼쳐 경련을 일으키고 혈액순환에 부정적인 작용을 일으켜 심장에 무리가 간다. 카카오의 함량이 높을수록 반려견에게는 치명적이라는 사실을 인지해야 한다.
아보카도	아보카도에 있는 퍼신(persin)이라는 성분은 반려견이 분해할 수 없어 설사와 구토 증상을 동반한 위장장애로 치명적 손상을 입힐 수 있다.
견과류	견과류에는 과다 섭취할 경우 반려견의 신장을 손상할 수 있는 인이 많이 함유되어 있다. 또한, 내포된 식물성 기름은 반려견에게 불필요할 뿐만 아니라 소화장애를 일으킬 수 있다.
자일리톨	자일리톨은 반려견의 인슐린 체계에 강한 영향을 끼쳐 급격한 저혈당을 일으킬 수 있으며, 많은 양은 간 손상도 일으킬 수 있다.
날 돼지고기	날 돼지고기에는 60도 이상의 온도에서만 파괴되는 바이러스가 존재하여 오제스키 질병을 유발할 수 있다. 이 질병은 중추신경계에 염증이 생기고 심각한 경우 간지러움, 경련, 마비, 의식불명의 증상을 보이다 1주일 이내에 죽음에 이를 수 있다.

▶ 반려묘가 먹어도 괜찮은 음식

음식	효능
고등어	고등어에 들어 있는 오메가-3 지방산은 피모를 윤기 나게 만들고, 심장 건강에도 좋다.
계란	계란에는 단백질과 비타민B군이 많이 들어있어 고양이 털갈이 때 도움이 된다.
베이비 푸드	영양분이 균형 있게 구성되어 간식용으로 먹기에 부족함이 없다.
참치캔	단백질 공급원이지만, 지방과 나트륨 함량이 높으니 소량씩만 주는 게 좋다.
플레인 요구르트	젖산균이 들어 있어 고양이 소화기능 개선에 도움이 된다.
생선살	고기와 마찬가지로 단백질과 오메가-3 지방산이 풍부하다.
치즈	적당량의 단백질 섭취를 돕는다.
고구마	식이섬유가 풍부해 장 운동을 돕는다.
닭고기	기본적인 단백질 공급원 역할을 한다.
당근	비타민A가 많아 눈 건강에 도움이 되는 식품이다.
브로콜리	섬유질과 비타민C가 풍부해 전반적인 건강 상태를 좋게 한다.
새싹 채소	다양한 비타민과 미네랄을 함유하고 있다.
녹차	항산화 성분이 많아 면역력 증진에 도움이 된다.

▶ 반려묘가 먹으면 안 되는 음식

음식	효능
초콜릿	초콜릿에 들어 있는 테오브로민 성분은 고양이에게 중독을 일으킬 수 있다.
알코올	고양이는 알코올을 분해할 수 있는 효소가 없어 알코올이 축적되어 해롭다.
마늘, 양파	마늘과 양파에는 고양이 적혈구를 파괴하는 성분이 있어 빈혈을 유발할 수 있다.
가공육	첨가된 많은 양의 염분과 조미료 때문에 고양이 건강에 해로울 수 있다.
우유, 유제품	유당 소화 능력이 부족해 설사 등의 배앓이를 일으킬 수 있다.
커피, 차	카페인이 함유되어 있어 과다 섭취 시 중독 증상을 보일 수 있다.
껌	인공감미료 성분으로 인해 고양이에게 중독을 일으킬 위험이 있다.
감자	소화가 잘 되지 않아 설사나 복통을 유발할 수 있다.
견과류	크기가 작아 기도를 막거나 장에 꼈을 때 위험할 수 있다.
양배추	과도한 가스가 발생하여 배앓이를 일으킬 수 있다.

관찰 노트

    반려견에 대한 세심한 관찰을 해 보며 활용할 수 있길 바라본다. 관찰 노트는 교육을 진행하거나 조금 더 자세하게 반려견과 소통하고자 할 때 사용한다. 나의 반려견을 자세히 아는 건 다양한 이슈에 대해 먼저 반응할 수 있으며, 보호자의 책임이다. 시간을 두고 세심하게 아이에 대해 관찰하자.

    교육에 대한 일지 활용은, 예를 들어 "앉아!"라는 교육하고자 한다면 몇 월, 며칠, 몇 시를 기록하고, 교육 시간, 교육 진도, 사용한 간식, 아이의 반응 등을 시간별로 꼼꼼하게 체크하며 교육을 진행한다. 한 번 교육 시간은 10~20분 이내로 진행을 하며, 마지막은 꼭 하고자 하는 교육에 행동이 성공한다면 칭찬으로 마무리한다.

관찰 노트

날짜	교육 내용	훈련 시간	교육 사항	특이 사항
2024. 1. 1	앉아	10:00~10:10 (10분)	예) 제스처를 이해하고 '앉아'까지 성공했다. 다음 교육에는 명령어를 연습해 봐야겠다.	

도심 속 펫티켓

반려견과 행복하게 살기 위한 방법30+

1판 1쇄 인쇄   2024년 05월 07일
1판 1쇄 발행   2024년 05월 15일

지은이 | 고영두
펴낸이 | 박정태
편집이사 | 이명수   출판기획 | 정하경
편집부 | 김동서, 전상은, 박가연
마케팅 | 박명준   온라인마케팅 | 박용대
경영지원 | 최윤숙, 박두리

펴낸곳   **주식회사 광문각출판미디어**
출판등록   2022. 9. 2 제2022-000102호
주소   10881 파주시 파주출판문화도시 광인사길 161 광문각 B/D 3층
전화   031)955-8787
팩스   031)955-3730
E-mail   kwangmk7@hanmail.net
홈페이지   www.kwangmoonkag.co.kr

ISBN   979-11-93205-24-2   03490
가격   13,800원